U0170480

普通高等学校机械类一流本科专业建设创新教材
科学出版社"十四五"普通高等教育本科规划教材

控制工程基础

主　编　孙　晶　张　宏　孙　伟

副主编　王林涛　韦　磊　王　宇

参　编　张　洋　马　赛　关乃侨

科学出版社

北　京

内 容 简 介

本书涵盖了拉普拉斯变换、微分方程、传递函数、时域分析法、频域分析法、根轨迹分析法以及系统稳定性与误差分析等经典控制理论相关的数学知识、基础理论及分析方法。通过选用机械工程实例，侧重于培养学生应用基本概念与原理进行控制系统动态问题分析的能力以及解决机械系统控制问题的能力。

本书主要适用对象为机械设计制造及其自动化、机械工程、智能制造工程、测控技术与仪器等专业的本科生、研究生和相关工程技术人员。

图书在版编目(CIP)数据

控制工程基础 / 孙晶，张宏，孙伟主编. —北京：科学出版社，2021.11
（普通高等学校机械类一流本科专业建设创新教材·科学出版社"十四五"普通高等教育本科规划教材）
ISBN 978-7-03-070722-2

Ⅰ. ①控… Ⅱ. ①孙… ②张… ③孙… Ⅲ. ①现代控制理论－高等学校－教材 Ⅳ. ①O231

中国版本图书馆 CIP 数据核字（2021）第 237783 号

责任编辑：毛 莹 朱晓颖 / 责任校对：杨聪敏
责任印制：张 伟 / 封面设计：迷底书装

科学出版社 出版
北京东黄城根北街 16 号
邮政编码：100717
http://www.sciencep.com
天津市新科印刷有限公司 印刷
科学出版社发行 各地新华书店经销
*
2021 年 11 月第 一 版 开本：787×1092 1/16
2023 年 7 月第三次印刷 印张：10 3/4
字数：275 000
定价：45.00 元
（如有印装质量问题，我社负责调换）

前　　言

经典控制理论与方法广泛应用于机械工程实际中，是高等院校师生、科研工作者、工程技术人员分析和解决问题的有效手段。本书主要阐述经典控制理论的基本概念、基本原理以及基本方法，支撑课程为"控制工程基础"或"现代控制理论"、"系统建模与分析"的经典控制部分。本书提供与控制理论知识点深度融合的思政案例库，包括工程师必备工程素养、工程师的非技术能力、从科学家到我们以及控制理论与人生哲理等专栏，以二维码的形式贯穿本书始末。在学时上，可根据具体情况选择 32 学时或 48 学时。

全书由 10 章组成，每章均设有课后习题。此外，编者还编写了本书的对照版全英文教材 *Fundamentals of Control Engineering* 及与本书理论内容相匹配的双语实验教材《控制工程基础创新实验案例教程》，均已出版发行。

本书由大连理工大学孙晶、张宏、孙伟主编，王林涛、韦磊、王宇任副主编，张洋、马赛、关乃侨参编。全书的编写分工为：第 1 章、第 2 章、第 9 章及所有习题由孙晶编写，第 3 章由张宏编写，第 4 章由孙伟编写，第 5 章由王宇编写，第 6 章由张洋编写，第 7 章由王林涛编写，第 8 章由马赛编写，第 10 章由韦磊编写，书中部分图表由关乃侨绘制。在本书编写过程中参考了众多同类教材和著作，在此向其作者深表感谢。

限于编者的水平，书中难免存在疏漏之处，恳请广大读者批评指正。

编　者
2021 年 5 月于大连

目　录

第1章 绪 论

控制工程基础是控制论的一个分支。控制论是一门研究生物、机器和不同系统之间的控制关系和工作规律的科学，它不仅是一门重要的科学，也是一种重要的方法论。

随着控制论和实际工程问题的有机结合，工程控制论应约而生。工程控制论领域最为著名的专著为钱学森的 *Engineering Cybernetics*，该书第一次提出工程控制论这一概念，并将其推广至工程领域。

本书名为《控制工程基础》，侧重自动控制基本理论与方法。实际上，控制工程基础是工程控制论的组成部分之一，属于经典控制理论范畴。因此，本书重点介绍经典控制理论领域的基本原理和方法，尤其是有关机械工程系统的动力学分析理论和控制方法。

1.1 系统与系统分析

系统这一关键词在本书的出现频率较高，因此，我们首先从系统入手。系统是由具有因果关系的变量组成的相互作用的元素的集合。系统最重要的特征是，在系统建模时，应充分考虑变量之间的相互作用。这里所说的变量是时间变量及其对时间的导数。系统响应通常取决于系统的初始条件，如储存的能量、外加的激励等。系统建模和系统响应统称为系统分析。

1.2 系 统 建 模

描述系统的方程组称为数学模型。能量守恒定律、牛顿运动定律等物理定律为构建系统模型的基础。数学模型的类型既取决于建模目的，也跟分析工具有关。例如，对于仅需要在草纸上进行演算即可达成的参数分析，而不是复杂的数值分析，那么只需要构建一个相对简单的模型即可。为了实现这种必要的简化，提高建模效率，在保证建模目的的基础之上，工程师需要忽略系统里的次要元素。又如，如果可借助计算机进行仿真运算，则可构建一个既包括主要元素又包括次要元素的复杂数学模型。综上，一个系统可有多个用以描述它的数学模型，从简单到复杂，至于选择哪一种，要根据分析目标和已知条件来确定。

众所周知，汽车是典型的动态系统。为了限制用于描述汽车的数学模型的复杂性，首先需要忽略系统的一些次要特性，也就是说，对于某一个特定研究的特定目标来说，很多参数都是相对不重要的，例如，在弯道或坑洼路段行驶，驾驶员的舒适性、燃油效率、制动性能、抗碰撞能力、突然增大或变小的风力等都可以看作相对不重要的影响参数。

假设以开车行驶在崎岖路面上的司机为关注对象，可将汽车简化为质量、弹簧和减振装置，如图1.1(a)所示。该图引自《冲击与振动手册》(Harris 等编著)。其中汽车底盘是最大的质量，但如前后车轴、前后车轮以及司机等也是不容忽视的质量。下面分析在行驶过程中，汽车系统内都有哪些部分是为了让司机更加舒适而设计的。由于路面的凹凸不平，汽车在行驶中，轮胎会突然遭遇一个来自垂直于行驶方向的冲击，这种冲击是影响司机舒适性的主要因素。首先，位于底盘和车轴之间的悬架系统可起到最大化减小这种冲击力的作用。其次，座椅的设计也可降低冲击力，同时，司机后背与座椅靠背之间存在摩擦，这种摩擦也会减少由冲击带来的司机与座椅靠背的剥离和撞击。最后，由于轮胎本身具有弹性，因此可将其看作车轮和地面之间的弹簧，这部分弹簧对冲击力也起到了很大的缓冲作用。

假设汽车匀速行驶，忽略底盘的水平运动，仅考虑由凹凸不平的路面引起的垂直运动。当前轮胎行驶至某突出或凹陷路段时，底盘的前部相对于底盘的后部就会仰起或低下，即底盘的俯仰效应。因此，在遇到凸凹路面时，不仅要考虑底盘在垂直方向上的运动，也要考虑以底盘所在质量部分质心为中心的旋转运动。

储能元件的数量可衡量系统的复杂性。如图 1.1(a)所示系统，能量被存储于 4 个不同的质量块和 5 个不同的弹簧中，分别为司机与座椅质量块、底盘质量块、前轮-前轴质量块、后轮-后轴质量块和座椅弹簧、底盘-前轮弹簧、底盘-后轮弹簧、前轮胎弹簧、后轮胎弹簧。如果忽略底盘的俯仰效应，可将前后轴合并看作 1 个质量块，底盘前后轮弹簧合并为 1 个弹簧，前后轮合并为 1 个轮胎，因此，图 1.1(a)的系统可被合并简化为 3 个不同的质量块和 3 个不同的弹簧，分别为司机与座椅质量块、底盘质量块、车轮-车轴质量块和座椅弹簧、底盘-车轮弹簧、轮胎弹簧，如图 1.1(b)所示。

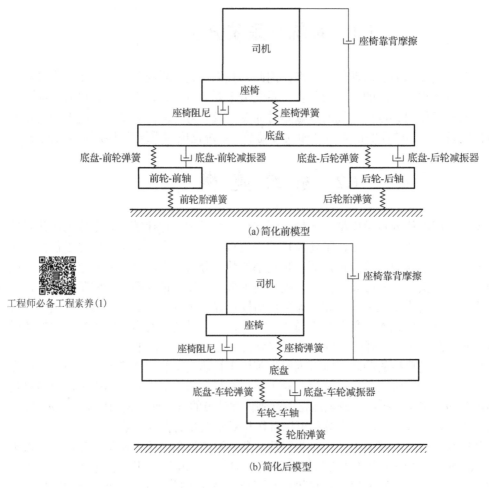

图 1.1　汽车系统原理图

除上述合并简化，在系统分析的初始阶段，在不影响系统属性的前提下，可进行其他相关简化。例如，图 1.1(b)中部分元素或部件可简化掉，简化后获得的数学模型要比简化前大为简单，且并不影响对系统的最终分析。

　　另外，在更深入地研究凹凸不平路面对驾驶员影响时，发现：当 2 个前轮中仅有 1 个轮子遇到颠簸或凹陷时，它的位移和力与另一个轮子的位移和力是不同的。因此，在这种情况下，由 4 个轮子合并简化而成的质量块单侧遭遇颠簸或凹陷，会导致底盘质量块产生除垂直和俯仰运动外的左右转动。因此，在分析的过程中需要引入其他特征量。

　　有关汽车的建模理论和方法也同样适用于摩托车、飞机、轮船等交通工具，甚至火箭、航天飞机。第 3 章和第 4 章将介绍如何使用力学或电学原理构建系统的数学模型，描述并获取系统的重要属性和特征。

1.3　系统模型求解

　　使用数学模型确定系统内具有因果关系的特征的过程称为模型求解。求系统的响应就是模型求解，即求系统模型的参数值。这既包括针对简单模型的解析求解，也包括对较复杂模型的计算机求解。

　　用于描述模型的方程类型对分析系统有着重要的影响，例如，非线性微分方程很少能以封闭形式求解，偏微分方程的求解比常微分方程的求解要费力得多。可借助计算机获得复杂模型的时域或频域响应，但也存在局限性。众所周知，计算机在求解和分析模型的过程中，不仅要考虑有关数值积分的近似问题，也要考虑模型对待定或会发生变化的系统参数是否敏感。此外，很难仅采用计算机求解就能获得令人满意的系统参数值、期望响应以及初始条件。

　　通常来说，用于描述系统的模型是近似模型，而不是对模型本身代表的物理系统的精确描述。因此，应该基于大量假设和简化的前提进行模型求解，这些假设和简化可能适用于实际系统，也可能不适用于实际系统，不用过于纠结这种假设和简化是否会影响对系统的分析，必要的假设和简化是顺利进行系统分析的重要一步。换句话说，用于描述实际系统的模型越真实(采用了较少的假设和简化)，求解过程就越困难。用必要的假设和简化换取求解的效率是可行的。

　　为了平衡"既想获得最为真实的系统模型"和"又想获得最高效的求解过程"，可先采用简单模型进行系统设计和结果分析，然后选用另一个不同的模型，使用计算机仿真来验证设计和结果。在很多系统模型求解过程中，如果有可用于仿真的硬件，那么将其加入计算机仿真过程中是可行的，也就是使用硬件来代替某些仿真模块，此时用于仿真的数学模型中的相应部分可忽略。这是能达成"鱼和熊掌兼得"的最佳办法。

1.4　自动控制系统的原理

1.4.1　控制系统类型

　　如表 1.1 所示，控制系统广泛存在于日常生活中。在自然控制系统里，由于漫长的生物进化过程，控制系统看起来非常单调，但绝不简单。例如，精确控制体温的心脑血管系统；为从桌子上端起一杯茶，大脑和手臂构成的取物系统；老鹰几乎能静止悬浮在逆风的空中，但当使用专业镜头观察它们时会发现：老鹰的翅膀以及羽毛都在以高频低幅做着振动。除了自然控制系统，还有人造控制系统，例如，控制汽车前轮转向的动力转向系统；在精炼厂或化工厂里尽管存在多种扰动，但控制系统却能将容器内的温度和液位保持在某个恒定值。

表 1.1　常见控制系统

被控对象	控制器	自然控制系统		人造控制系统	
		手控	自控	手控	自控
人体体温	心脑血管系统		√		
桌上取物	大脑和手臂		√		
逆风悬浮在空中不动的老鹰	老鹰翅膀和羽毛		√		
汽车前轮转向	动力转向系统			√	
蒸汽机车的车速	蒸汽引擎调速器				√

　　自然控制系统和人造控制系统都有一个共同的目标，即在一定的操作范围内根据特定的规律对变量进行控制或调节。从广义上讲，控制系统是功能不一的组件的某种相互连接。信息和约束在控制系统中起着至关重要的作用，同时能量也是控制系统工作所必需的。事实上，物质(部件)、能量和信息是构成任何控制系统的基本元素。

　　表 1.1 还提及了被控对象和控制器这两个概念。用于执行控制功能的装置称为控制器，而受约束或受控制的设备甚至过程称为被控对象或被控体。简单地说，被控对象和控制器构成了控制系统。检测及纠正误差是由人来执行的控制系统为人工控制系统，反之，如果检测及纠正误差均是由系统自身完成的，则称其为自动控制系统。前面提及的自然控制系统和人造控制系统都存在人工控制和自动控制两种类型。

1.4.2　控制系统工作原理

　　控制系统是如何工作的呢？为了回答这一问题，引入两个比较常见的例子。

　　第一个例子是如图 1.2 所示的恒温箱。操作者从温度计上获取恒温箱的实际温度，并与理想温度做对比，并给出控制：如果实际温度比理想温度高，他将调整滑动变阻器的滑片，通过减小变阻器两端的电压来减少其发热，一直到恒温箱内的温度等于(最大限度趋于)理想温度。反之，如果实际温度比理想温度低，他将向反方向调整滑动变阻器的滑片，通过增加变阻器两端的电压来增加其发热，一直到恒温箱内的温度等于(最大限度趋于)理想温度。上述两个过程实际上是手动调整恒温箱内温度的一个过程，也就是操作者为了获得理想温度，要反复执行上述两个过程，一直到恒温箱内的温度达到稳定的理想温度。

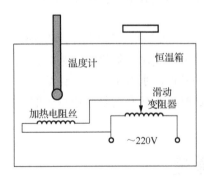

图 1.2　恒温箱

　　第二个例子是个关于蒸汽机的历史故事。在 1788 年之前，蒸汽机车的速度是靠人工控制的。工人读取速度表上的读数，将其与理想速度做对比，然后通过调节蒸汽流量阀的阀口开放的程度来增加或减少蒸汽量。这一手动控制蒸汽量的过程分为以下两步：

（1）将读取的实际速度 n_a 与理想速度 n_d 做对比，得速度差 E，即 $E = n_d - n_a$。

（2）根据速度差的大小和方向调节蒸汽流量阀的阀口开放程度。

① 如果 $E > 0$，即实际速度 n_a 小于理想速度 n_d，此时开大蒸汽流量阀的阀口，获得更大的蒸汽量，目的是提高实际速度。

② 如果 $E < 0$，即实际速度 n_a 大于理想速度 n_d，此时关小蒸汽流量阀的阀口，减少流入的蒸汽量，目的是降低实际速度。

1788 年，英国科学家、发明家瓦特(1736—1819)将离心调速器用于车速控制，如图 1.3 所示。旋转小球在旋转时会产生离心力，离心力与调速器上的弹簧力相互制约，控制蒸汽流量阀的阀口开放程度。弹簧的初始预紧力作为参考值，其大小由理想速度决定。小球在旋转的过程中抬起或降落，通过与其连接的机械连接装置控制蒸汽流量阀的阀口闭合或打开，进而控制蒸汽量，实现对速度大小变化的补偿。显而易见，这一自动控制过程与前面提及的工人手动控制过程相似。两者之间最主要的区别是，自动控制过程中的读取速度值、比较速度差以及补偿速度差均是由以旋转小球为主体的调速器自动完成的。由此可得一个重要结论：自动控制过程可以对被控变量误差进行自动测量及自动补偿，或者说自动减少误差以达到理想值。

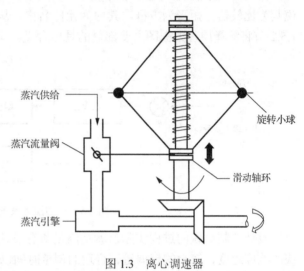

图 1.3　离心调速器

根据上述离心调速器的原理分析可绘制如图 1.4 所示的原理方框图。毫无疑问，旋转小球起到了检测误差并纠正误差的作用，因此将其放置在方框图的反馈部分。连接旋转小球和蒸汽流量阀的机械连接装置起到比较器的作用。蒸汽流量阀起到放大器和控制蒸汽量的作用。蒸汽引擎是被控对象。变化的蒸汽量、车轮接触的崎岖路面、风速等均可视为干扰。输出速度，即实际速度，为被控变量。理想速度为系统的输入变量。

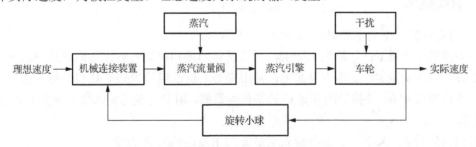

图 1.4　离心调速器原理方框图

参考上述绘制离心调速器原理方框图的过程可绘制其他自动控制系统的原理方框图，相应地，图 1.4 中各元件或变量的名字可由其他系统的具体元件或变量进行替代。第 5 章将详细介绍自动控制系统原理方框图。

1.5　自动控制系统的结构

本节在简单介绍典型自动控制系统的原理方框图之后，将给出自动控制系统的若干重要概念，有助于对控制系统工作原理的深入理解。

1.5.1　自动控制系统原理方框图

自动控制系统的原理方框图如图 1.5 所示。形如圆圈内部叉号的符号为加法点，通常来说其为比较器。矩形为方框，其内为元件名称。从变量到方框的有向线段代表信号的流向。1.5.2 节将解释原理方框图主要部分的具体含义。

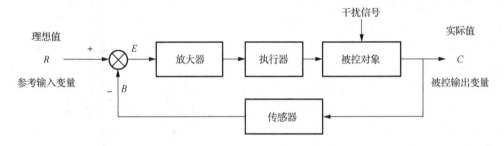

图 1.5　自动控制系统原理方框图

设计控制系统的过程实际上就是满足所有设计要求的过程，例如，较高的系统精度、较快的响应速度、较小的超调量、合适的调整时间以及可靠的稳定性。

当设计自动控制系统时，首先要设计正确的结构。如果结构设计之后发现该系统是不稳定的，或者尽管结构设计之后系统是稳定的，但如果想改善系统的响应，发现此时系统不稳定了，又或者在系统工作过程中发现某些性能指标难以达到设计要求，这时就需要给如图 1.5 所示的系统加入一个或者多个补偿器用来弥补设计缺陷，提高系统性能。有关补偿器的内容将在第 9 章进行阐述。

1.5.2　有关概念

有关自动控制系统的重要概念部分如图 1.5 所示。

（1）被控输出变量 C：又称为实际值，是可直接测量和控制的被控量值或某种状态。

（2）参考输入变量 R：又称为理想值，是用来与主反馈信号 B 进行比较的标准值。

（3）主反馈信号 B：被控输出变量 C 的某种函数值，用来与参考输入变量 R 进行比较以产生偏差 E。

（4）偏差信号 E：大小等于参考输入变量 R 与主反馈信号 B 的差。

（5）干扰信号：系统中除参考输入变量 R 之外的输入信号，其存在能影响系统的被控输出变量 C。

（6）加法点：方框图上多个信号加减汇合的位置，抽象为一个符号。

（7）反馈控制器：从广义上说，反馈控制器是一种控制机制，包括放大器、执行器之类的元件，也包括加法点这样的运算器，还包括加法点前后左右的各种信号值。该机制既能测量

被控输出变量 C，又能通过加法点接收参考输入变量 R 的汇入，将被控输出变量 C 与参考输入变量 R 联系起来，以实现系统的自动控制。

（8）反馈控制系统：又称为闭环控制系统，该类系统的输出端和输入端之间存在反馈通路，如图 1.5 中的传感器即起到了反馈的作用，由于它的存在，该系统成为闭环控制系统。闭环的含义就是使用反馈减少系统的偏差。

1.6 自动控制系统的特性

不同的控制系统有着不同的特性，甚至同一个控制系统，如果其控制目的不同，它显示出来的特性也是不同的，这些特性非三言两句能讲述清楚，第 6～9 章将对其展开较为具体的讲解，本节仅进行初步介绍。

1.6.1 稳定性

控制系统的响应或稳态输出通常表示为时间的函数，该函数随时间的变化而变化，也许收敛（稳定的系统），也许发散（不稳定的系统），如图 1.6 所示。

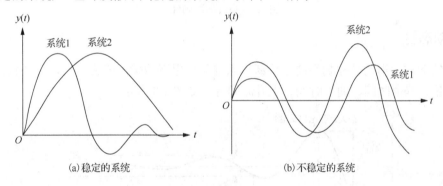

(a) 稳定的系统   (b) 不稳定的系统

图 1.6 系统的稳定性

当时间趋于无穷时，若被控输出变量 C 和参考输入变量 R 之间的偏差 E 趋于零，或者系统的输出响应曲线是收敛的，说明该系统是稳定的，或者说该系统的稳定性是良好的，如图 1.6(a) 所示。反之，该系统是不稳定的，或者说该系统的稳定性是欠佳的，如图 1.6(b) 所示。工程实际中可用的闭环控制系统都应该是稳定的。

对于开环控制系统来说，由于其不存在反馈控制机制，因此不能通过上述判断闭环控制系统是否稳定的方法来判断开环控制系统的稳定性。可以通过引入反馈环节的方法将开环控制系统转化为闭环控制系统，但在转化的过程中，有可能由不恰当的反馈环节导致新的闭环控制系统是不稳定的。

总的来说，不管开环控制系统还是闭环控制系统，稳定性都是系统设计过程中要考虑的首要因素。

1.6.2 准确性

反馈控制的主要目的在于通过比较被控输出变量 C 和参考输入变量 R 以提高系统的输出精度，即系统的准确性。然而，绝对准确性是很难获得的，因此，实际系统一般都存在概念偏差或误差。在系统的设计过程中，可给出偏差或误差阈值，若系统能在阈值范围内工作，则认为系统的准确性是满足设计要求的。另外，尽管可设置一个尽可能小的误差阈值，但这样做的代价往往是系统的稳定性大幅降低。

如图 1.7 所示，$x(t)$ 和 $y(t)$ 分别为系统的输入和输出信号，ε_{ss} 为系统的稳态误差，其中，图 1.7(a) 所示系统的稳态误差随时间变化趋于无穷大，图 1.7(b) 所示系统的稳态误差随时间变化趋于常数，图 1.7(c) 所示系统的稳态误差随时间变化趋于零。显而易见，图 1.7(c) 所示系统具有最好的准确性。

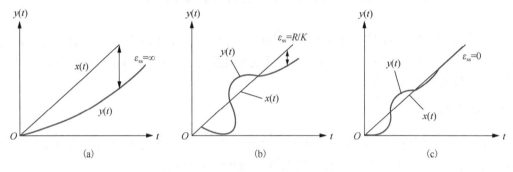

图 1.7　系统的准确性

1.6.3　动态性

系统的动态性指的是控制系统在阶跃输入信号作用下的瞬态响应特性，主要包括最大百分比超调量、峰值时间、调整时间、上升时间等，如图 1.8 所示。

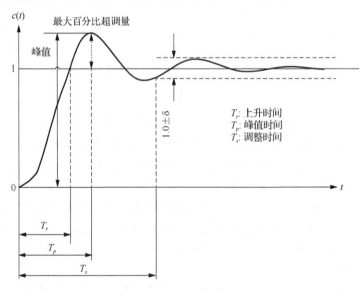

图 1.8　系统的动态性

最大百分比超调量与系统最大响应峰值有关。调整时间是系统响应第一次进入误差阈值范围内的时间。上升时间指的是系统响应从起点到达稳态值所耗费的时间，有时也定义为系统响应从终值的 5%达到 95%时耗费的时间。峰值时间与超调量对应，即系统响应第一次达到最大峰值的时间。峰值时间和超调量与系统的稳定性相关，而调整时间和上升时间与系统的响应速度相关。

1.6.4 鲁棒性

设计系统,当然希望它仅工作在既定输入信号下,不希望它时不时地遭遇其他干扰信号。但只要是应用于工程实际中的系统,就一定会受到除了既定输入信号之外的干扰输入,如汽车在行进过程中遇到的崎岖路面、恒温箱的破损保温层、液位控制箱的漏点、海面上行驶的轮船遭遇突然增强的风力等,这些都是控制系统在工作过程中遇到的干扰输入。

如图 1.9(a)所示的控制系统,$N(s)$ 为干扰信号,系统的输出 $Y(s)$ 必然受到 $N(s)$ 干扰信号的影响,换句话说,系统的稳态误差必然受到这个干扰信号的影响。为了消除干扰信号对系统稳态误差的影响,引入前馈控制信号 $G_F(s)$,如图 1.9(b)所示,此时,系统的鲁棒性得到了有效的提高。

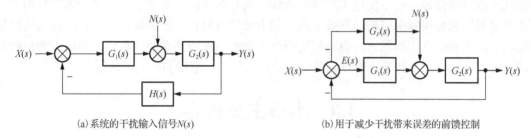

(a)系统的干扰输入信号$N(s)$　　　　　　(b)用于减少干扰带来误差的前馈控制

图 1.9　系统的鲁棒性

1.7　自动控制系统的分类与应用

1.7.1 开环控制系统

在开环控制系统里,参考输入变量 $r(t)$ 直接作用到控制器上,然后产生实际输出变量 $c(t)$。从某种程度上看,开环控制系统对输出量的控制不是很精确,这是因为系统中的任何变化都会对输出造成无法补偿的影响。例如,在一片漆黑的房间里,如果想取桌子上的一杯水,由于什么都看不见,就有可能拿不到这杯水。在这个取水杯的过程中,对于手臂、大脑和眼睛构成的取水杯系统来说,黑暗就是干扰信号。

再举一个例子。如图 1.10 所示的多士炉,计时器上的刻度对应着面包片经过烤制后的程度,可将其视为多士炉烤面包片系统的理想输入变量。把面包片放到多士炉里,将计时器旋钮转到相关刻度后,随着"叮"的一声,面包片烤好了,这个面包片的实际烤制程度是实际输出变量。如果发现烤好的面包片还不够酥脆,可把面包片重新放回多士炉,再次转动旋钮,再次听到"叮"的一声,面包片的实际输出变量即烤制程度发生了变化,达到了要求。这实际上就是一个开环控制系统,作为输出变量的面包片实际烤制程度如果不满足要求,这个多士炉烤面包片系统是无法自我完成再烤制的,需要手动操作重新烤制,直至满足要求。

图 1.10　多士炉

通过上面的例子,可知两点:一是开环控制系统没有反馈环节;二是开环控制系统的参数值(如多士炉计时器刻度值)可能会随着系统工作状态的变化而发生较大变化。因此,通常来说，开环控制系统很难获得较高的工作性能。

1.7.2　闭环控制系统

如图 1.5 所示的闭环控制系统，系统的被控输出变量 C 通过主反馈信号 B 重新作用到系统的输入端，与参考输入变量 R 汇合，以偏差 E 的形式再次作用于被控对象上。与开环控制系统相比，闭环控制系统的性能好，精度高，但对于同样复杂程度的开环控制系统来说，闭环控制系统的稳定性差一些。由于闭环控制系统为本书的主要分析对象，因此在此不做赘述。

1.7.3　自动控制理论的应用

朴素的自动控制理论及其应用可追溯到公元前 300 年，经过千百年以来的不断丰富，自动控制理论日臻完善。它不仅被工程师所青睐，也是医生、经济学家、金融专家、政治家、生物学家等用来解决棘手问题的有效工具，如市场经济分析、生物优胜劣汰、政党大选结果的预判等。尤其是在工程领域，自动控制理论更是扮演着极其重要的角色，如房屋的供暖和空调系统，飞机、卫星和导弹的导航和定位系统，轮船、潜艇的转向系统等。

1.8　本书主要内容

本书侧重于数学模型、时频域分析方法、稳定性与误差分析等内容的阐述，使读者具有使用经典控制理论基本概念、基本原理、基本分析方法解决复杂工程问题的能力。主要内容及建议学习程度如下：

(1) 理解控制系统建模与分析的主要概念和原理；

(2) 理解拉普拉斯变换及其逆变换的概念，掌握拉普拉斯变换主要性质并能基于其解决控制领域的相关问题；

(3) 掌握机械平移系统和电气系统的建模方法与动态特性；

(4) 理解线性时不变系统传递函数的概念，掌握各典型环节传递函数的形式、传递函数方框图的绘制、信号流程图的含义、梅森公式的应用等；

(5) 掌握控制系统的时域分析法，尤其是二阶系统的各性能指标的含义；

(6) 掌握控制系统的频域分析法，包括奈奎斯特图的含义、伯德图的绘制、最小相位系统的应用以及奈奎斯特稳定判据的计算；

(7) 掌握使用劳斯稳定判据进行系统稳定性分析的方法；

(8) 掌握控制系统误差分析理论与计算方法以及减小稳态误差的主要方法；

(9) 掌握控制系统的根轨迹分析法，尤其是基于根轨迹的方法对系统动态特性的分析。

本 章 习 题

1.1　举日常生活中开环控制系统和闭环控制系统各一例。

1.2　绘制图 1.10 所示系统的原理方框图。

1.3 说明图 1.11 所示系统的工作原理。

1.4 绘制图 1.11 所示系统的原理方框图。

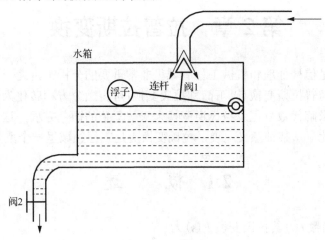

图 1.11 液位控制系统

第 2 章　拉普拉斯变换

拉普拉斯变换是信号处理和机械工程领域里非常重要的分析工具之一。在对系统的动态分析过程中，使用拉普拉斯变换（以下简称拉氏变换）可将微分方程转化为代数方程，即系统的传递函数，通过求解代数方程及拉氏逆变换来求解复杂的微分方程，这大大简化了微分方程的求解过程。因此，从某种意义上说，拉氏变换更是工程领域里一个重要的数学工具。

从科学家到我们(1)

2.1　概　　述

当 $t \geqslant 0$ 时，函数 $f(t)$ 的拉氏变换 $F(s)$ 为

$$F(s) = L[f(t)] = \int_0^\infty f(t)\mathrm{e}^{-st}\mathrm{d}t \tag{2.1}$$

式中，L 表示对函数 $f(t)$ 做拉氏变换，积分运算后，变量 t 不存在，$F(s)$ 仅为关于变量 s 的函数，即式(2.1)为函数 $f(t)$ 的拉氏变换定义式。

由于式(2.1)右侧的积分下限为零，因此若函数 $f(t)$ 在 $t = 0$ 处存在跳动，那么在积分过程中，就需要区别积分下限是从 0^+ 开始还是从 0^- 开始的，这两种积分下限对应的拉氏变换是不同的：

$$L_-[f(t)] = \int_{0^-}^\infty f(t)\mathrm{e}^{-st}\mathrm{d}t = \int_{0^-}^{0^+} f(t)\mathrm{e}^{-st}\mathrm{d}t + \int_{0^+}^\infty f(t)\mathrm{e}^{-st}\mathrm{d}t = \int_{0^-}^{0^+} f(t)\mathrm{e}^{-st}\mathrm{d}t + L_+[f(t)] \tag{2.2a}$$

$$L_+[f(t)] = \int_{0^+}^\infty f(t)\mathrm{e}^{-st}\mathrm{d}t \tag{2.2b}$$

2.2　常见函数的拉氏变换

本节的每部分均以例题的方式给出常见函数的拉氏变换形式。

2.2.1　阶跃函数

例 2.1　单位阶跃函数 $f(t)$ 如图 2.1 所示，其表达式如下：

$$f(t) = \begin{cases} 0, & t < 0 \\ 1, & t \geqslant 0 \end{cases}$$

试求其拉氏变换。

解：根据拉氏变换定义式(2.1)可知，单位阶跃函数的拉氏变换为

$$F(s) = \int_0^\infty f(t) \cdot \mathrm{e}^{-st}\mathrm{d}t = \int_0^\infty 1 \cdot \mathrm{e}^{-st}\mathrm{d}t = \int_0^\infty \left(-\frac{1}{s}\right) \cdot \mathrm{e}^{-st}\mathrm{d}(-st)$$

$$= -\frac{1}{s} \cdot \left[\mathrm{e}^{-st}\right]_0^\infty = -\frac{1}{s} \cdot (\mathrm{e}^{-s\cdot\infty} - \mathrm{e}^0) = \frac{1}{s}$$

如果阶跃函数的幅值是 R，即

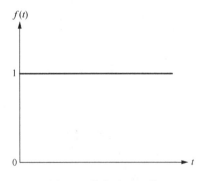

图 2.1　单位阶跃函数

$$f(t) = \begin{cases} 0, & t < 0 \\ R, & t \geqslant 0 \end{cases}$$

那么其拉氏变换为

$$F(s) = \frac{R}{s}$$

2.2.2　斜坡函数

　　例 2.2　单位斜坡函数 $f(t)$ 如图 2.2 所示，其表达式如下：

$$f(t) = \begin{cases} 0, & t < 0 \\ t, & t \geqslant 0 \end{cases}$$

试求其拉氏变换。

　　解： 根据拉氏变换定义式(2.1)可知，单位阶跃函数的拉氏变换为

$$F(s) = \int_0^\infty f(t) \cdot e^{-st} dt = \int_0^\infty t \cdot e^{-st} dt = \int_0^\infty \left(-\frac{1}{s}\right) \cdot t e^{-st} d(-st) = -\frac{1}{s} \cdot \int_0^\infty t de^{-st}$$

根据分部积分法：

$$\int u dv = uv - \int v du$$

令

$$\begin{cases} u = t \\ dv = de^{-st} \end{cases}$$

即

$$\begin{cases} du = dt \\ v = e^{-st} \end{cases}$$

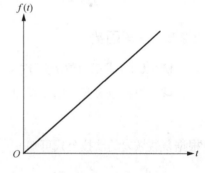

图 2.2　单位斜坡函数

可得单位斜坡函数的拉氏变换为

$$F(s) = -\frac{1}{s} \cdot \left[t e^{-st}\right]_0^\infty + \frac{1}{s} \cdot \int_0^\infty e^{-st} dt = 0 + \frac{1}{s} \cdot \left(-\frac{1}{s}\right) \cdot \left[e^{-st}\right]_0^\infty = \frac{1}{s^2}$$

　　如果斜坡函数的幅值是 A，即

$$f(t) = \begin{cases} 0, & t < 0 \\ At, & t \geqslant 0 \end{cases}$$

那么其拉氏变换为

$$F(s) = \frac{A}{s^2}$$

2.2.3　脉冲函数

　　例 2.3　脉冲函数 $\delta(t)$ 如图 2.3 所示，其表达式如下：

$$\delta(t) = \begin{cases} 0, & t \neq 0 \\ \infty, & t = 0 \end{cases}$$

试求其拉氏变换。

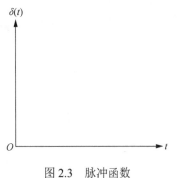

图 2.3 脉冲函数

解：由于脉冲函数在时刻 $t = 0$ 处发生突跳，因此 $L_+[\delta(t)]$ 不能反映脉冲函数在区间 $[0^-, 0^+]$ 内的特性。结合拉氏变换定义式 (2.2a) 和式 (2.2b)，可得脉冲函数的拉氏变换为

$$F(s) = \int_{0^-}^{\infty} f(t) \cdot e^{-st} dt = \int_{0^-}^{\infty} \delta(t) \cdot e^{-st} dt$$

$$= \int_{0^-}^{0^+} \delta(t) \cdot e^{-st} dt + \int_{0^+}^{\infty} \delta(t) \cdot e^{-st} dt$$

$$= \int_{0^-}^{0^+} \delta(t) \cdot g(t) dt + \int_{0^+}^{\infty} 0 \cdot e^{-st} dt$$

$$= g(0) + e^{-st}\big|_{t=0} = 1$$

2.2.4 指数函数

例 2.4 求指数函数 $f(t) = e^{at}$ 的拉氏变换。

解：根据拉氏变换定义式 (2.1) 可知，指数函数的拉氏变换为

$$F(s) = \int_{0}^{\infty} f(t) \cdot e^{-st} dt = \int_{0}^{\infty} e^{at} \cdot e^{-st} dt = \int_{0}^{\infty} e^{-(s-a)t} dt = -\frac{1}{s-a} \cdot e^{-(s-a)t}\bigg|_{0}^{\infty} = \frac{1}{s-a}$$

2.2.5 三角函数

例 2.5a 求三角数函数 $f(t) = \sin\omega t$ 的拉氏变换。

解：根据拉氏变换定义式 (2.1) 可知，三角函数的拉氏变换为

$$F(s) = \int_{0}^{\infty} \sin\omega t \cdot e^{-st} dt$$

根据复数域内的欧拉公式可知

$$\sin\omega t = \frac{1}{2j}(e^{j\omega t} - e^{-j\omega t})$$

因此，有

$$L(\sin\omega t) = \int_{0}^{\infty} \frac{e^{j\omega t} - e^{-j\omega t}}{2j} \cdot e^{-st} dt = \frac{1}{2j} \int_{0}^{\infty} \left[e^{-(s-j\omega)t} - e^{-(s+j\omega)t} \right] dt$$

$$= \frac{1}{2j} \left[-\frac{e^{-(s-j\omega)t}}{s-j\omega} + \frac{e^{-(s+j\omega)t}}{s+j\omega} \right]_{0}^{\infty} = \frac{1}{2j} \left[\frac{1}{s-j\omega} - \frac{1}{s+j\omega} \right] = \frac{1}{2j} \cdot \frac{s+j\omega-(s-j\omega)}{(s-j\omega)(s+j\omega)}$$

$$= \frac{1}{2j} \cdot \frac{2j\omega}{s^2+\omega^2} = \frac{\omega}{s^2+\omega^2}$$

例 2.5b 求三角数函数 $f(t) = \cos\omega t$ 的拉氏变换。

解：根据拉氏变换定义式 (2.1) 可知，三角函数的拉氏变换为

$$F(s) = \int_{0}^{\infty} \cos\omega t \cdot e^{-st} dt$$

根据复数域内的欧拉公式可知

$$\cos\omega t = \frac{1}{2}(e^{j\omega t} + e^{-j\omega t})$$

因此，有

$$L(\cos \omega t) = \frac{1}{2} \int_0^\infty (e^{j\omega t} + e^{-j\omega t}) e^{-st} dt = \frac{1}{2} \left[\int_0^\infty e^{-(s-j\omega)t} dt - \int_0^\infty e^{-(s+j\omega)t} dt \right]$$

$$= \frac{1}{2} \left\{ -\frac{1}{s-j\omega} \left[e^{-(s-j\omega)t} \right]_0^\infty - \frac{1}{s+j\omega} \left[e^{-(s+j\omega)t} \right]_0^\infty \right\}$$

$$= \frac{1}{2} \left(\frac{1}{s-j\omega} - \frac{1}{s+j\omega} \right) = \frac{s}{s^2 + \omega^2}$$

2.2.6 幂函数

例 2.6 求幂函数 $f(t) = \dfrac{t^2}{2}$ 的拉氏变换。

解：根据拉氏变换定义式(2.1)可知，幂函数的拉氏变换为

$$F(s) = \int_0^\infty \frac{t^2}{2} e^{-st} dt = -\frac{1}{s} \int_0^\infty \frac{t^2}{2} de^{-st} = -\frac{t^2}{2s} e^{-st} \Big|_0^\infty + \frac{1}{s} \int_0^\infty t e^{-st} dt = \frac{1}{s} \int_0^\infty t e^{-st} dt$$

$$= \left(\frac{1}{s} - \frac{t}{s} e^{-st} \Big|_0^\infty + \frac{1}{s} \int_0^\infty e^{-st} dt \right) = -\frac{1}{s^3} \int_0^\infty e^{-st} d(-st) = -\frac{1}{s^3} e^{-st} \Big|_0^\infty = \frac{1}{s^3}$$

2.2.7 小结

表 2.1 汇总了常见函数的拉氏变换，部分函数的拉氏变换是以例题的方式推导出来的，如序号 1～7。2.3 节及第 6 章将陆续给出序号 8～19 的函数的拉氏变换形式。

表 2.1 常见函数的拉氏变换

序号	原函数 $f(t)$	象函数 $F(s)$
1	1	$\dfrac{1}{s}$
2	t	$\dfrac{1}{s^2}$
3	$\delta(t)$	1
4	e^{at}	$\dfrac{1}{s-a}$
5	$\sin \omega t$	$\dfrac{\omega}{s^2 + \omega^2}$
6	$\cos \omega t$	$\dfrac{s}{s^2 + \omega^2}$
7	$\dfrac{t^2}{2}$	$\dfrac{1}{s^3}$
8	te^{-at}	$\dfrac{1}{(s+a)^2}$
9	$t^n (n = 1, 2, 3, \cdots)$	$\dfrac{n!}{s^{n+1}}$
10	$t^n e^{-at} (n = 1, 2, 3, \cdots)$	$\dfrac{n!}{(s+a)^{n+1}}$

序号	原函数 $f(t)$	象函数 $F(s)$
11	$\dfrac{1}{b-a}(e^{-at}-e^{-bt})$	$\dfrac{1}{(s+a)(s+b)}$
12	$\dfrac{1}{b-a}(be^{-bt}-ae^{-at})$	$\dfrac{s}{(s+a)(s+b)}$
13	$\dfrac{1}{ab}\left[1+\dfrac{1}{a-b}\left(be^{-at}-ae^{-bt}\right)\right]$	$\dfrac{1}{s(s+a)(s+b)}$
14	$e^{-at}\sin\omega t$	$\dfrac{\omega}{(s+a)^2+\omega^2}$
15	$e^{-at}\cos\omega t$	$\dfrac{s+a}{(s+a)^2+\omega^2}$
16	$\dfrac{1}{a^2}(at-1+e^{-at})$	$\dfrac{1}{s^2(s+a)}$
17	$\dfrac{\omega_n}{\sqrt{1-\zeta^2}}e^{-\zeta\omega_n t}\sin\omega_n\sqrt{1-\zeta^2}\,t$	$\dfrac{\omega_n^2}{s^2+2\zeta\omega_n s+\omega_n^2}$
18	$\dfrac{-1}{\sqrt{1-\zeta^2}}e^{-\zeta\omega_n t}\sin\left(\omega_n\sqrt{1-\zeta^2}\,t-\varphi\right)$ $\varphi=\arctan\dfrac{\sqrt{1-\zeta^2}}{\zeta}$	$\dfrac{s}{s^2+2\zeta\omega_n s+\omega_n^2}$
19	$1-\dfrac{1}{\sqrt{1-\zeta^2}}e^{-\zeta\omega_n t}\sin\left(\omega_n\sqrt{1-\zeta^2}\,t+\varphi\right)$ $\varphi=\arctan\dfrac{\sqrt{1-\zeta^2}}{\zeta}$	$\dfrac{\omega_n^2}{s\left(s^2+2\zeta\omega_n s+\omega_n^2\right)}$

2.3　拉氏变换的性质

本节将给出拉氏变换的一些重要性质，基于这些重要性质，能够获得复杂函数的拉氏变换，或者求解系统的动态响应。

2.3.1　常数性质

函数 $f(t)$ 的拉氏变换为 $F(s)$ ，即 $F(s)=L[f(t)]$ ，则函数 $af(t)$ 的拉氏变换为

$$L[af(t)]=\int_0^\infty af(t)e^{-st}\mathrm{d}t=a\int_0^\infty f(t)e^{-st}\mathrm{d}t=aF(s) \tag{2.3}$$

拉氏变换的常数性质表明：某函数与常数乘积的拉氏变换等于该函数的拉氏变换与该常数的乘积。

2.3.2　叠加定理

函数 $f(t)$ 的拉氏变换为 $F(s)$ ，函数 $g(t)$ 的拉氏变换为 $G(s)$ ，即 $F(s)=L[f(t)]$ ，$G(s)=L[g(t)]$ ，则函数 $f(t)+g(t)$ 的拉氏变换为

$$L[f(t)+g(t)]=\int_0^\infty [f(t)+g(t)]e^{-st}\mathrm{d}t=\int_0^\infty f(t)e^{-st}\mathrm{d}t+\int_0^\infty g(t)e^{-st}\mathrm{d}t=F(s)+G(s) \tag{2.4}$$

若将式(2.3)和式(2.4)合并，可得广义叠加定理：

$$L[af(t) + bg(t)] = aF(s) + bG(s) \tag{2.5}$$

例如，函数 2+3sin4t 的拉氏变换 $L[2{+}3\sin4t]$ 为

$$L[2 + 3\sin 4t] = \frac{2}{s} + 3\left(\frac{4}{s^2 + 4^2}\right) = \frac{2s^2 + 12s + 32}{s^3 + 16s}$$

2.3.3　微分定理

在求解系统响应，即求解系统模型微分方程时，由于要对微分方程的每一项均进行拉氏变换，因此需要知道微分方程每一项或者说微分方程中任意阶微分形式的拉氏变换。设函数 $f(t)$ 的拉氏变换为 $F(s)$，则函数 $f(t)$ 的 n 阶导数的拉氏变换为

$$L\left[\frac{\mathrm{d}^n f(t)}{\mathrm{d}t^n}\right] = s^n F(s) - s^{n-1} f(0) - s^{n-2} f^{(1)}(0) - \cdots - s f^{(n-2)}(0) - f^{(n-1)}(0) \tag{2.6}$$

式中，$f(0), f^{(1)}(0), \cdots, f^{(n-1)}(0)$ 为函数 $f(t)$ 的各阶导数的初值。

常用的二阶微分定理和一阶微分定理如下：

$$L\left[\frac{\mathrm{d}^2 f(t)}{\mathrm{d}t^2}\right] = s^2 F(s) - s f(0) - f^{(1)}(0)$$

$$L\left[\frac{\mathrm{d}f(t)}{\mathrm{d}t}\right] = s F(s) - f(0)$$

当所有初值均为零时，即 $f(0) = 0, f^{(1)}(0) = 0, \cdots, f^{(n-1)}(0) = 0$，上述微分定理表达式分别如下。

（1）n 阶微分定理：
$$L\left[\frac{\mathrm{d}^n f(t)}{\mathrm{d}t^n}\right] = s^n F(s) \tag{2.7a}$$

（2）二阶微分定理：
$$L\left[\frac{\mathrm{d}^2 f(t)}{\mathrm{d}t^2}\right] = s^2 F(s) \tag{2.7b}$$

（3）一阶微分定理：
$$L\left[\frac{\mathrm{d}f(t)}{\mathrm{d}t}\right] = s F(s) \tag{2.7c}$$

例 2.7　求下述微分方程的拉氏变换（所有初值均为零）：

$$5\frac{\mathrm{d}^3 y(t)}{\mathrm{d}t^3} + 6\frac{\mathrm{d}^2 y(t)}{\mathrm{d}t^2} + \frac{\mathrm{d}y(t)}{\mathrm{d}t} + 2y(t) = 4\frac{\mathrm{d}x(t)}{\mathrm{d}t} + x(t)$$

解：根据广义叠加定理和微分定理可得

$$5s^3 Y(s) + 6s^2 Y(s) + s Y(s) + 2Y(s) = 4s X(s) + X(s)$$

2.3.4　积分定理

设函数 $f(t)$ 的拉氏变换为 $F(s)$，则函数 $f(t)$ 的 n 阶积分的拉氏变换为

$$L\left[\int \cdots \int f(t)(\mathrm{d}t)^n\right] = \frac{1}{s^n} F(s) + \frac{1}{s^n} f^{(-1)}(0) + \frac{1}{s^{n-1}} f^{(-2)}(0) + \cdots + \frac{1}{s} f^{(-n)}(0) \tag{2.8}$$

式中，$f(0), f^{(-1)}(0), \cdots, f^{(-n)}(0)$ 为函数 $f(t)$ 的各阶积分的初值。

常用的二阶积分定理和一阶积分定理如下：

$$L\left[\iint f(t)(\mathrm{d}t)^2\right] = \frac{1}{s^2} F(s) + \frac{1}{s^2} f^{(-1)}(0) + \frac{1}{s} f^{(-2)}(0)$$

$$L\left[\int f(t)\mathrm{d}t\right] = \frac{1}{s}F(s) + \frac{1}{s}f^{(-1)}(0)$$

当所有初值均为零时，即 $f(0) = 0$，$f^{(-1)}(0) = 0$，$\cdots$，$f^{(-n)}(0) = 0$，上述积分定理表达式分别如下。

(1) n 阶积分定理：

$$L\left[\int\cdots\int f(t)(\mathrm{d}t)^n\right] = \frac{1}{s^n}F(s) \qquad (2.9a)$$

(2) 二阶积分定理：

$$L\left[\iint f(t)(\mathrm{d}t)^2\right] = \frac{1}{s^2}F(s) \qquad (2.9b)$$

(3) 一阶积定理：

$$L\left[\int f(t)\mathrm{d}t\right] = \frac{1}{s}F(s) \qquad (2.9c)$$

2.3.5　初值定理

初值定理和 2.3.6 节的终值定理常用于控制系统的设计和分析上，一般来说，初值定理用来确定系统或者元件的初始状态，终值定理更多地用来求控制系统的稳态误差。

设函数 $f(t)$ 及其一阶微分都具有拉氏变换形式，那么函数 $f(t)$ 的初值为

$$f(0) = \lim_{t\to 0} f(t) = \lim_{s\to\infty} sF(s) \qquad (2.10)$$

式中，$t\to 0$ 的极限是函数 $f(t)$ 的初值的极限求法，$s\to\infty$ 的极限是函数 $f(t)$ 的基于拉氏变换的初值定理。

2.3.6　终值定理

设函数 $f(t)$ 及其一阶微分都具有拉氏变换形式，那么函数 $f(t)$ 的终值为

$$f(\infty) = \lim_{t\to\infty} f(t) = \lim_{s\to 0} sF(s) \qquad (2.11)$$

与初值定理相同，式 (2.11) 中，$t\to\infty$ 的极限是函数 $f(t)$ 的终值的极限求法，$s\to 0$ 的极限是函数 $f(t)$ 的基于拉氏变换的终值定理。

例 2.8　求函数 $f(t) = \mathrm{e}^{-\alpha t}$ 的初值。

解：函数 $f(t) = \mathrm{e}^{-\alpha t}$ 的拉氏变换为

$$F(s) = L(\mathrm{e}^{-\alpha t}) = \frac{1}{s+\alpha}$$

则根据拉氏变换的初值定理可知函数 $f(t)$ 的初值为

$$f(0) = \lim_{t\to 0} f(t) = \lim_{s\to\infty} sF(s) = \lim_{s\to\infty} s\cdot\frac{1}{s+\alpha} = \lim_{s\to\infty}\frac{1}{1+\dfrac{\alpha}{s}} = 1$$

例 2.9　求函数 $f(t)$ 的终值，其中函数 $f(t)$ 的拉氏变换为

$$F(s) = \frac{5}{s(s^2+s+2)}$$

解：根据拉氏变换的终值定理可知函数 $f(t)$ 的终值为

$$f(\infty) = \lim_{t\to\infty} f(t) = \lim_{s\to 0} sF(s) = \lim_{s\to 0}\frac{5}{s^2+s+2} = \frac{5}{2}$$

通过上述讲解及例题可知，拉氏变换的终值定理在求终值时是比较方便的，但值得一提的是，如果 $sF(s)$ 的分母包括实部为零或者实部为正的极点，那么终值定理是不可用的。例如，

对函数 $f(t)=\sin\omega t$ 的来说。由于该函数的拉氏变换为 $F(s)=\dfrac{\omega}{s^2+\omega^2}$，因此无法通过终值定理求得终值，这从正弦函数的物理意义上也能得到解释。

2.3.7　时域位移定理

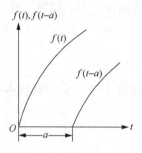

时域位移定理又称为延迟定理。如图 2.4 所示，函数 $f(t-a)$ 为函数 $f(t)$ 的延迟函数，延迟时间为 a。

设函数 $f(t)$ 的拉氏变换为 $F(s)$，则对于任意正实数 a 而言：

$$L\big[f(t-a)\big]=\int_0^\infty f(t-a)\mathrm{e}^{-st}\mathrm{d}t=\mathrm{e}^{-as}F(s) \qquad (2.12)$$

2.3.8　复域位移定理

图 2.4　函数 $f(t)$ 及其延迟函数 $f(t-a)$

设函数 $f(t)$ 的拉氏变换为 $F(s)$，则对于任意常数 a 而言：

$$L\big[\mathrm{e}^{-at}\cdot f(t)\big]=\int_0^\infty \mathrm{e}^{-at}\cdot f(t)\cdot \mathrm{e}^{-st}\mathrm{d}t=F(s+a) \qquad (2.13)$$

式 (2.13) 表明，函数 $f(t)$ 与 e^{-at} 乘积的拉氏变换为 $f(t)$ 的拉氏变换 $F(s)$ 的变量 s 被 $s+a$ 替换，即 $F(s+a)$。因此，表 2.1 中部分函数的拉氏变换形式就迎刃而解了：

$$L\big[\mathrm{e}^{-at}\cos\omega t\big]=\frac{s+a}{(s+a)^2+\omega^2}\ ,\quad L\big[\mathrm{e}^{-at}\sin\omega t\big]=\frac{\omega}{(s+a)^2+\omega^2}$$

$$L\big[t\mathrm{e}^{-at}\big]=\frac{1}{(s+a)^2}$$

2.3.9　部分分式法

部分分式法实际上并不属于拉氏变换的性质，但由于其与拉氏变换密切相关，同时又是拉氏逆变换的重要工具，因此将其放置此处。

设有微分方程及其初值如下：

$$4\frac{\mathrm{d}^2x}{\mathrm{d}t^2}+\frac{\mathrm{d}x}{\mathrm{d}t}+4x=1 \qquad (2.14\mathrm{a})$$

$$x(0)=\dot{x}(0)=0 \qquad (2.14\mathrm{b})$$

对式 (2.14a) 求拉氏变换有

$$4\big[s^2X(s)-sx(0)-\dot{x}(0)\big]+sX(s)-x(0)+4X(s)=\frac{1}{s}$$

结合式 (2.14b) 的初值均为零，可进一步化简上式为

$$4s^2X(s)+sX(s)+4X(s)=\frac{1}{s}$$

整理为

$$X(s)=\frac{1}{s(4s^2+s+4)}$$

根据部分分式法可将上式化为

$$\frac{1}{s(4s^2+s+4)}=\frac{A}{s}+\frac{Bs+C}{4s^2+s+4} \qquad (2.15)$$

令式 (2.15) 两侧的分子相等可得

$$1 = A(4s^2 + s + 4) + s(Bs + C)$$

根据变量 s 对上式进行合并同类项，得

$$1 = (4A + B)s^2 + (A + C)s + 4A$$

令上式两端对应项相等可得

$$4A + B = 0, \quad A + C = 0, \quad 1 = 4A$$

求得

$$A = \frac{1}{4}, \quad C = -A = -\frac{1}{4}, \quad B = -1$$

将求得的 A、B、C 的值代入式(2.15)，可得

$$\frac{1}{s(4s^2 + s + 4)} = \frac{1}{4}\left(\frac{1}{s} + \frac{-s - \frac{1}{4}}{s^2 + \frac{1}{4}s + 1} \right)$$

对括号内部分进一步分解可得

$$X(s) = \frac{1}{4}\left[\frac{1}{s} - \frac{s + \frac{1}{8}}{\left(s + \frac{1}{8}\right)^2 + \left(\frac{\sqrt{63}}{8}\right)^2} - \frac{\frac{1}{8}}{\left(s + \frac{1}{8}\right)^2 + \left(\frac{\sqrt{63}}{8}\right)^2} \right]$$

$$= \frac{1}{4}\left[\frac{1}{s} - \frac{s + \frac{1}{8}}{\left(s + \frac{1}{8}\right)^2 + \left(\frac{\sqrt{63}}{8}\right)^2} - \frac{\frac{\sqrt{63}}{8} \times \frac{1}{\sqrt{63}}}{\left(s + \frac{1}{8}\right)^2 + \left(\frac{\sqrt{63}}{8}\right)^2} \right]$$

结合表 2.1，不难得到上式右侧各部分对应的原函数，例如，括号内第一部分 $1/s$ 的原函数为单位阶跃函数 1。因此，可得上式各项对应的原函数为

$$x(t) = \frac{1}{4}\left(1 - e^{-\frac{1}{8}t}\cos\frac{\sqrt{63}}{8}t - \frac{1}{\sqrt{63}}e^{-\frac{1}{8}t}\sin\frac{\sqrt{63}}{8}t \right)$$

上述过程实际上是通过拉氏变换的方法求解微分方程的过程，也就是首先将微分方程基于拉氏变换转换为代数方程，然后基于部分分式法将代数方程化整为零，最后求出每个小部分的原函数，叠加后即为原始微分方程的解。至此，引出 2.4 节的拉氏逆变换。

2.4　拉氏逆变换

如前所述，当使用拉氏变换求解微分方程的解时，首先需要求出输出变量的拉氏变换 $F(s)$，然后基于部分分式法求出输出变量在时域内的解 $f(t)$，即为微分方程的解，也是系统的响应，记为 $f(t) = L^{-1}[F(s)]$，读作 $F(s)$ 的拉氏逆变换：

$$f(t) = L^{-1}[F(s)] = \frac{1}{2\pi j}\int_{-j\infty}^{+j\infty} F(s)e^{st}\mathrm{d}s$$

简写为

$$f(t) = L^{-1}[F(s)] \tag{2.16}$$

具体求解拉氏逆变换的方法如下。

(1) 对于简单的象函数，可借助表 2.1 获取它们的原函数，例如：

$$f(t) = L^{-1}[F(s)] = L^{-1}\left[\frac{1}{s-a}\right] = e^{at}$$

(2) 对于复杂的象函数，可根据部分分式法将其化为若干简单象函数的和，然后重复上面步骤得到每个简单象函数的原函数。最终利用叠加定理获得复杂象函数的原函数。例如，$F(s)$ 是原函数 $f(t)$ 的象函数，$F_n(s)$ 是原函数 $f_n(t)$ 的象函数，也就是说，可将 $F(s)$ 化为 $F_n(s)$ 的和：

$$F(s) = F_1(s) + F_2(s) + \cdots + F_{n-1}(s) + F_n(s)$$

同时，可基于表 2.1 获得每一个 $F_n(s)$ 对应的每一个 $f_n(t)$：

$$f(t) = L^{-1}[F(s)] = L^{-1}[F_1(s)] + L^{-1}[F_2(s)] + \cdots + L^{-1}[F_{n-1}(s)] + L^{-1}[F_n(s)]$$
$$= f_1(t) + f_2(t) + \cdots + f_{n-1}(t) + f_n(t)$$

这就获得了象函数 $F(s)$ 的原函数 $f(t)$。

下面给出较为详细的步骤。假设象函数 $F(s)$ 可写为如下有理分式的形式：

$$F(s) = \frac{B(s)}{A(s)} = \frac{b_m s^m + b_{m-1} s^{m-1} + b_{m-2} s^{m-2} + \cdots + b_1 s + b_0}{a_n s^n + a_{n-1} s^{n-1} + a_{n-2} s^{n-2} + \cdots + a_1 s + a_0} \tag{2.17}$$

式中，$n \geq m$，严格来说，分子分母的阶次应满足 $n > m$。为将式 (2.17) 化为部分分式的形式，将分母多项式 $A(s)$ 改写为以下形式：

$$A(s) = (s - p_1)(s - p_2)(s - p_3) \cdots (s - p_n) \tag{2.18}$$

需要注意的是，式 (2.18) 中得到的分母多项式 $A(s)$ 中 s 的最高阶次的系数是 1，如果给定的象函数 $F(s)$ 的多项式表达式 (2.17) 中分母多项式 $A(s)$ 中 s 的最高阶次的系数不是 1，如为 a_n，可通过将分子分母同时除以 a_n 以获得系数 1。

式 (2.18) 中的 $p_1, p_2, \cdots, p_i, \cdots, p_n$ 称为象函数 $F(s)$ 的极点，其值既可能为实数，也可能为复数。因此，式 (2.17) 可改写为

$$F(s) = \frac{B(s)}{A(s)} = \frac{A_1}{s - p_1} + \frac{A_2}{s - p_2} + \cdots + \frac{A_n}{s - p_n} \tag{2.19}$$

即将复杂的象函数 $F(s)$ 改写为若干简单象函数的和。于是，使用表 2.1 可得到每个简单象函数的原函数，叠加后即为复杂象函数 $F(s)$ 的原函数 $f(t)$。由式 (2.19) 可知，上述过程的关键在于找到系数 $A_1, A_2, \cdots, A_n$，而获得系数 $A_1, A_2, \cdots, A_n$ 的关键在于对极点的分析：

(1) 所有的极点都是不同的实数极点；

(2) 部分极点为相同的实数极点；

(3) 部分极点为共轭的复数极点。

下面将根据极点的上述三种不同情况，给出获得系数 $A_1, A_2, \cdots, A_n$ 的不同方法，这实际上也是获得复杂象函数 $F(s)$ 的原函数 $f(t)$ 的不同方法。

2.4.1　不同的实数极点

当极点 p_i 为不同的实数时，式 (2.17) 可改写为

$$F(s) = \frac{B(s)}{A(s)} = \frac{B(s)}{(s - p_1)(s - p_2) \cdots (s - p_k) \cdots (s - p_n)}$$
$$= \frac{A_1}{s - p_1} + \frac{A_2}{s - p_2} + \cdots + \frac{A_k}{s - p_k} + \cdots + \frac{A_n}{s - p_n} = \sum_{i=1}^{n} \frac{A_i}{s - p_i} \tag{2.20}$$

式中，$A_1, A_2, \cdots, A_k, \cdots, A_n$ 为不同的实数极点对应的部分分式系数。

根据表 2.1 可知，式 (2.20) 中的任一项 $1/(s - p_i)$ 的原函数是 $e^{p_i t}$，那么，根据线性叠加定理，当 $t > 0$ 时，式 (2.20) 对应的原函数为

$$f(t) = A_1 e^{p_1 t} + A_2 e^{p_2 t} + \cdots + A_k e^{p_k t} + \cdots + A_n e^{p_n t} = \sum_{i=1}^{n} A_i e^{p_i t} \tag{2.21}$$

显而易见，求该原函数的关键在于求系数 $A_1, A_2, \cdots, A_k, \cdots, A_n$。

为了求任意系数 A_k，可将式 (2.20) 的两侧同时乘上 $s - p_k$：

$$\frac{A_1}{s - p_1}(s - p_k) + \cdots + \frac{A_k}{s - p_k}(s - p_k) + \cdots + \frac{A_n}{s - p_n}(s - p_k)$$

$$= \frac{B(s)}{(s - p_1)(s - p_2) \cdots (s - p_k) \cdots (s - p_n)} \cdot (s - p_k) = F(s) \cdot (s - p_k)$$

化简为

$$\frac{A_1}{s - p_1}(s - p_k) + \cdots + A_k + \cdots + \frac{A_n}{s - p_n}(s - p_k)$$

$$= \frac{B(s)}{(s - p_1)(s - p_2) \cdots (s - p_{k-1})(s - p_{k+1}) \cdots (s - p_n)} = F(s) \cdot (s - p_k)$$

令 $s = p_k$，可得

$$A_k = F(s)(s - p_k) \big|_{s = p_k} \tag{2.22}$$

例 2.10 求如下象函数 $F(s)$ 的原函数：

$$F(s) = \frac{-s + 5}{(s + 1)(s + 4)}$$

解：由象函数可知，该象函数具有两个不同的实数极点，即 $s_1 = -1$ 和 $s_2 = -4$。因此，根据式 (2.20) 可将该象函数改写为

$$F(s) = \frac{A_1}{s + 1} + \frac{A_2}{s + 4}$$

所以，根据式 (2.22) 可知

$$A_1 = \frac{-s + 5}{(s + 1)(s + 4)} \cdot (s + 1) \bigg|_{s = -1} = 2 , \quad A_2 = \frac{-s + 5}{(s + 1)(s + 4)} \cdot (s + 4) \bigg|_{s = -4} = -3$$

将 A_1 和 A_2 代入象函数中可得

$$F(s) = \frac{2}{s + 1} - \frac{3}{s + 4}$$

由表 2.1 可得原函数为

$$f(t) = 2e^{-t} - 3e^{-4t}$$

2.4.2 相同的实数极点

如果有 r 个相同的实数极点 p_1，且其他极点全为不同的实数，即分母多项式 $A(s)$ 为

$$A(s) = (s - p_1)^r (s - p_{r+1})(s - p_{r+2}) \cdots (s - p_n) \tag{2.23}$$

则 $F(s)$ 的部分分式形式为

$$F(s) = \frac{B(s)}{A(s)} = \frac{A_r}{(s - p_1)^r} + \frac{A_{r-1}}{(s - p_1)^{r-1}} + \cdots + \frac{A_1}{s - p_1} + \frac{B_{r+1}}{s - p_{r+1}} + \frac{B_{r+2}}{s - p_{r+2}} + \cdots + \frac{B_n}{s - p_n} \qquad (2.24)$$

式中， $A_r, A_{r-1}, \cdots, A_1$ 为相同的实数极点对应展开项的分子系数，计算公式如下：

$$A_r = F(s)(s - p_1)^r \big|_{s=p_1}$$

$$A_{r-1} = \left\{ \frac{\mathrm{d}}{\mathrm{d}s} \Big[F(s)(s - p_1)^r \Big] \right\}_{s=p_1}$$

$$\vdots$$

$$A_{r-j} = \frac{1}{j!} \left\{ \frac{\mathrm{d}^j}{\mathrm{d}s^j} \Big[F(s)(s - p_1)^r \Big] \right\}_{s=p_1} \qquad (2.25)$$

$$\vdots$$

$$A_1 = \frac{1}{(r-1)!} \left\{ \frac{\mathrm{d}^{r-1}}{\mathrm{d}s^{r-1}} \Big[F(s)(s - p_1)^r \Big] \right\}_{s=p_1}$$

因为 $\dfrac{1}{(s - p_1)^n}$ 的拉氏逆变换为

$$L^{-1} \left[\frac{1}{(s - p_1)^n} \right] = \frac{t^{n-1}}{(n-1)!} \mathrm{e}^{p_1 t} \qquad (2.26)$$

对于其余不同的实数极点对应展开项的分子系数 $B_{r+1}, B_{r+2}, \cdots, B_n$ ，依旧可采用上一小节的方法来处理：

$$B_k = \big[F(s)(s - p_k) \big]_{s=p_k}, \qquad k = r+1, r+2, \cdots, n \qquad (2.27)$$

最后可获得 $F(s)$ 的拉氏逆变换形式：

$$\begin{aligned} f(t) &= L^{-1} \big[F(s) \big] \\ &= \left[\frac{A_r}{(r-1)!} t^{r-1} + \frac{A_{r-1}}{(r-2)!} t^{r-2} + \cdots + A_2 t + A_1 \right] \mathrm{e}^{p_1 t} \\ &\quad + B_{r+1} \mathrm{e}^{p_{r+1} t} + B_{r+2} \mathrm{e}^{p_{r+2} t} + \cdots + B_n \mathrm{e}^{p_n t} \end{aligned} \qquad (2.28)$$

例 2.11 求如下象函数 $F(s)$ 的原函数：

$$F(s) = \frac{5s + 16}{(s + 2)^2 (s + 5)}$$

解：该象函数有三个极点，分别为 $s_1 = s_2 = -2$ 和 $s_3 = -5$ 。显而易见，其中的两个极点属于相同的实数极点。因此，将象函数 $F(s)$ 展开为如下的部分分式形式：

$$F(s) = \frac{A_{11}}{(s + 2)^2} + \frac{A_{12}}{s + 2} + \frac{A_3}{s + 5}$$

根据式 (2.25) 式和式 (2.22) 可知

$$A_{11} = (s + 2)^2 F(s) \big|_{s=-2} = \frac{5s + 16}{s + 5} \bigg|_{s=-2} = 2$$

$$A_{12} = \left\{ \frac{\mathrm{d}}{\mathrm{d}s} \left[\frac{5s + 16}{s + 5} \right] \right\}_{s=-2} = \frac{9}{(s + 5)^2} \bigg|_{s=-2} = 1$$

$$A_3 = (s + 5) F(s) \big|_{s=-5} = \frac{5s + 16}{(s + 2)^2} \bigg|_{s=-5} = -1$$

将上述求得的系数代入 $F(s)$ 的部分分式展开形式中可得

$$F(s) = \frac{2}{(s+2)^2} + \frac{1}{s+2} - \frac{1}{s+5}$$

因此，根据表 2.1 可知，该象函数对应的原函数为

$$f(t) = 2t\,e^{-2t} + e^{-2t} - e^{-5t}$$

2.4.3 共轭的复数极点

如果 p_1 和 p_2 是一对共轭的复数极点，且其他极点全为不同的实数，则 $F(s)$ 可改写为

$$F(s) = \frac{b_m s^m + b_{m-1}s^{m-1} + b_{m-2}s^{m-2} + \cdots + b_1 s + b_0}{a_n s^n + a_{n-1}s^{n-1} + a_{n-2}s^{n-2} + \cdots + a_1 s + a_0}$$

$$= \frac{\alpha_1 s + \alpha_2}{(s-p_1)(s-p_2)} + \frac{A_3}{s-p_3} + \cdots + \frac{A_n}{s-p_n} \tag{2.29}$$

为求 α_1 或 α_2，参考 2.4.1 节和 2.4.2 节的方法，使用 $(s-p_1)(s-p_2)$ 同时乘以式(2.29)的两侧且令 $s=p_1$（或 $s=p_2$），可得

$$\left[\frac{\alpha_1 s + \alpha_2}{(s-p_1)(s-p_2)} + \frac{A_3}{s-p_3} + \cdots + \frac{A_n}{s-p_n} \right] \cdot (s-p_1)(s-p_2) \Bigg|_{s=p_1} = (\alpha_1 s + \alpha_2)_{s=p_1} \tag{2.30}$$

通过分析式(2.30)可知获得 α_1 或 α_2 值的具体方法如下：

(1) 由于 p_1 是复数，所以式(2.30)的两侧均由复数组成；

(2) 令式(2.30)两侧的实部与实部相等，虚部与虚部相等，分别获得两个方程；

(3) 联立求解上述两个方程即可求出 α_1 和 α_2 值。

下面通过一道例题来熟悉上述步骤。

例 2.12 求 $F(s) = \dfrac{s+1}{s(s^2+s+1)}$ 的拉氏逆变换。

解：令 $s^2+s+1=0$，可得一对共轭复根 $p_{1,2} = -0.5 \pm j0.866$。同时，将 $s=0$ 视为不同的实数极点情况，因此 $F(s)$ 可展开成如下部分分式的形式：

$$F(s) = \frac{s+1}{s(s^2+s+1)} = \frac{\alpha_1 s + \alpha_2}{s^2+s+1} + \frac{A}{s}$$

使用 $(s-p_1)(s-p_2)$ 同时乘以上式的两侧且令 $s=p_1$（或 $s=p_2$），可得

$$\left[F(s) \cdot (s-p_1)(s-p_2) \right]_{s=p_1} = \left(\frac{\alpha_1 s + \alpha_2}{s^2+s+1} + \frac{A}{s} \right) \cdot (s-p_1)(s-p_2) \Bigg|_{s=p_1}$$

进一步化简为

$$\frac{s+1}{s(s^2+s+1)} \cdot (s^2+s+1) \Bigg|_{s=-0.5-j0.866} = (\alpha_1 s + \alpha_2) \Big|_{s=-0.5-j0.866}$$

$$\left(\frac{s+1}{s} \right) \Bigg|_{s=-0.5-j0.866} = (\alpha_1 s + \alpha_2) \Big|_{s=-0.5-j0.866}$$

$$\frac{0.5 - j0.866}{-0.5 - j0.866} = \alpha_1(-0.5 - j0.866) + \alpha_2$$

令上式两侧的实部与实部相等，虚部与虚部相等，分别获得以下两个方程：

$$\begin{cases} -0.5\alpha_1 - 0.5\alpha_2 = 0.5 \\ 0.866\alpha_1 - 0.866\alpha_2 = -0.866 \end{cases}$$

求解可得

$$\begin{cases} \alpha_1 = -1 \\ \alpha_2 = 0 \end{cases}$$

为了求不同的实数极点对应的系数 A，将 $F(s)$ 部分分式展开式两端同时乘以 s 且令 $s=0$，可得

$$A = \left[\frac{s+1}{s(s^2+s+1)} \cdot s \right]_{s=0} = 1$$

将求得的 3 个系数 A、α_1、α_2，代入 $F(s)$ 部分分式展开式：

$$F(s) = \frac{-s}{s^2+s+1} + \frac{1}{s}$$

为获得 $F(s)$ 的拉氏逆变换形式，进行如下的数学处理，处理的依据是将 $F(s)$ 部分分式展开式的每一项都处理成表 2.1 中原函数的形式：

$$F(s) = \frac{-s}{s^2+s+1} + \frac{1}{s} = \frac{1}{s} - \frac{s}{(s+0.5-0.866\mathrm{j})(s+0.5+0.866\mathrm{j})}$$

$$= \frac{1}{s} - \frac{s}{(s+0.5)^2+0.866^2} = \frac{1}{s} - \frac{s+0.5-0.5}{(s+0.5)^2+0.866^2}$$

$$= \frac{1}{s} - \frac{s+0.5}{(s+0.5)^2+0.866^2} + \frac{0.5}{(s+0.5)^2+0.866^2}$$

$$= \frac{1}{s} - \frac{s+0.5}{(s+0.5)^2+0.866^2} + \frac{0.577 \times 0.866}{(s+0.5)^2+0.866^2}$$

因此，根据表 2.1，可获得 $F(s)$ 的拉氏逆变换形式：

$$f(t) = L^{-1}[F(s)] = 1 - \mathrm{e}^{-0.5t}\cos 0.866t + 0.577\mathrm{e}^{-0.5t}\sin 0.866t, \quad t \geqslant 0$$

本 章 习 题

2.1 函数 $f(t)$ 的拉氏变换形式为

$$F(s) = \frac{s^2+2s+4}{s^3+3s^2+2s}$$

请分别使用拉氏变换的初值和终值定理求函数 $f(t)$ 的初值 $f(0)$ 和终值 $f(\infty)$。

2.2 使用拉氏变换方法求下述微分方程的 $Y(s)/R(s)$ 形式（初值均为零）：

$$\ddot{y}(t) + 3\dot{y}(t) + 6y(t) + 4\int y(t)\mathrm{d}t = 4r(t)$$

2.3 求 $F(s) = \dfrac{1}{s(s+1)^3(s+2)}$ 的拉氏逆变换。

2.4 求 $F(s) = \dfrac{6(s+2)}{s(s^2+6s+12)}$ 的拉氏逆变换。

第3章 机械平移系统的动态特性与建模

3.1 概　述

3.1.1 数学模型的含义

为了分析、仿真和设计动态系统，首先就要给出该系统的数学模型。数学模型描述了物理系统的运动属性，从定量的角度揭示了系统参数、系统性能指标和系统动态特性之间的关系。要想获得描述系统的数学模型，前提条件是该系统可用微分方程完全描述，或者可由实验完全获得。随后，基于数学模型或实验数据对系统进行分析，并获取系统性能指标。获取性能指标的准确性取决于建立的数学模型对物理系统的描述程度。本章以及随后章节对以数学模型形式存在的控制系统的分析和设计均是以"已获得了最恰当数学模型"为前提。

3.1.2 数学模型的种类

总的来说，工程领域常用的数学模型分为两大类：静态模型和动态模型。

(1)静态模型：独立于时间的数学模型，例如，$y = 5x+2$，式中的变量 y 和 x 均不依赖于时间或者与时间无关。

(2)动态模型：依赖于时间的数学模型，例如，$y(t) = 5x(t)+2$，式中的变量 $y(t)$ 和 $x(t)$ 均依赖于时间或者与时间相关。控制系统涉及的大部分数学模型都是动态模型，主要分为两类。

① 外部模型：主要描述了作用在控制系统上的输入和控制系统的输出之间的关系，如微分方程、传递函数等。

② 内部模型：主要描述了系统的输入、输出以及内部变量之间的关系，如状态空间方程等。

前面举例的动态模型 $y(t) = 5x(t)+2$ 是在时域内描述的数学模型。除了时域，控制系统也经常被描述在频域内，这就是频域响应。不论描述控制系统的方程(如微分方程、传递函数、时域响应、频域响应、状态空间方程)，还是描述控制系统的图形(如方框图、信号流程图、伯德图、奈奎斯特图)，这些统称为控制系统的数学模型，建立上述方程或者图形的过程就是为控制系统建模。

3.2 数学模型中的变量

不管为机械系统建模，还是为电气系统建模，首先都是要准确找到描述数学模型的变量，随后根据最基本的物理定律，使用变量去准确地描述系统。下面给出用于描述机械平移系统动态特性，或者说建立机械平移系统数学模型的基本变量。

(1)位移——x，单位为米(m)。

(2)速度——v，单位为米/秒(m/s)。

（3）加速度——a，单位为米/秒^2（m/s^2）。

（4）力——f，单位为牛顿（N）。

上述所有变量都是时间的函数，也就是前述提及的"动态"，即变量的"变"意为随着时间变化，动态的"动"意为随着时间而动。

下面逐一说明机械平移系统里的这些变量。

提起位移，首先就要想到位移是个相对量，也就是位移的作用点非常重要。速度通常表示为位移的导数。由于两者之间的这层关系，作用在同一刚体上的位移和速度的作用点或方向，可仅定义一次，可用位移定义，也可用速度定义。位移和速度是根据某种参考条件来测量的，这种参考条件通常是所研究刚体或点的平衡位置。

如图 3.1（a）所示，位移 x 为刚体相对于垂直墙面的位移；在图 3.1（b）中，位移 x 的作用点是不明确的，也许是垂直墙面，也许是某个运动刚体。如图 3.1（c）所示，刚体上所有点的速度 v 均是相同的，在图 3.1（d）中，速度 v 为 A 点的速度。力的表示比较简单，如图 3.1（e）和图 3.1（f）所示，表示力作用在刚体上，经典控制理论认为这两种情况下的力是等效的。根据位移、速度以及加速度之间满足的牛顿运动定律可知

$$v = \frac{\mathrm{d}x}{\mathrm{d}t} \tag{3.1}$$

$$a = \frac{\mathrm{d}v}{\mathrm{d}t} = \frac{\mathrm{d}^2 x}{\mathrm{d}t^2} \tag{3.2}$$

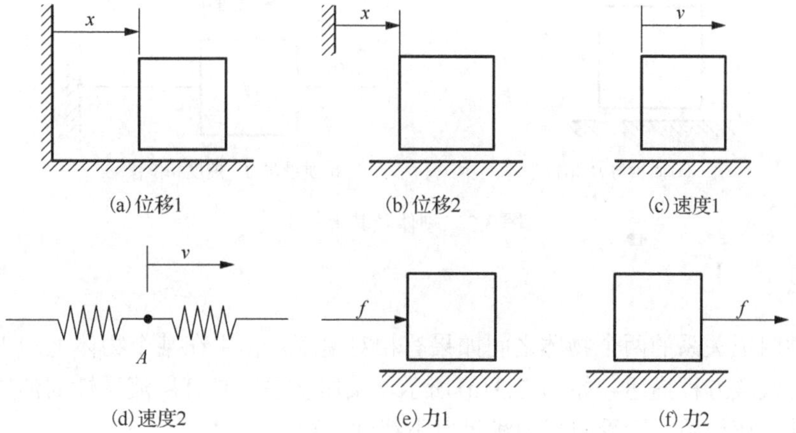

图 3.1　变量

3.3　基于变量描述的元素

物理系统通常都由一个或多个可用变量描述的元素构成。第 1 章曾提及过：适当的、恰当的简化对于描述一个系统是很必要的。这在本章将得到验证。构成机械平移系统的主要元素有质量、阻尼和弹簧。用以描述这些主要元素的变量有力、位移、速度和加速度。

3.3.1　质量

如图 3.2（a）所示，某刚体的质量为 M，单位为千克（kg），其上受力 f。根据牛顿第二定律可知，作用在刚体上的合力等于其上动量对时间的变化率：

$$\frac{\mathrm{d}}{\mathrm{d}t}(Mv) = f \tag{3.3}$$

当该刚体的质量 M 为常数时，式(3.3)可改写为

$$M\frac{\mathrm{d}v}{\mathrm{d}t} = f \tag{3.4}$$

参考式(3.3)和式(3.4)，动量和加速度的定义与描述均需要基于惯性框架。对于在地球表面或近地球表面的系统，地球表面就是一个研究和分析系统的惯性框架。另外，这里所研究的动量、加速度和力都是矢量，但由于刚体限制在一个方向上移动，因此质量也就被限制到了一个方向上，遵循简化原则，在这里仅列写标量方程。

为在经典控制理论框架下描述系统的数学模型，把刚体视为恒定质量，忽略相对论效应。因此，可使用外力 f 和加速度 $\mathrm{d}v/\mathrm{d}t$ 的代数关系来描述质量，这就是式(3.4)。需要说明的是，式(3.4)中加速度 $\mathrm{d}v/\mathrm{d}t$ 和力 f 的方向必须是一致的，这是因为力作用的方向就是由力导致速度增加的方向。

如图 3.2(b)所示，根据速度 $v(t)$ 和位移 $x(t)$ 之间的关系，可写出有关位移的二阶导数公式：

$$f_M(t) = M\frac{\mathrm{d}}{\mathrm{d}t}v(t) = M\frac{\mathrm{d}^2}{\mathrm{d}t^2}x(t) \tag{3.5}$$

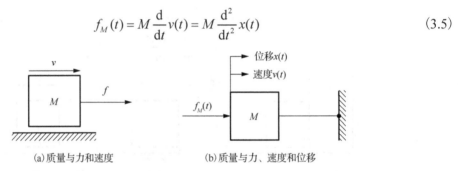

(a) 质量与力和速度   (b) 质量与力、速度和位移

图 3.2   刚体及其上变量

3.3.2 阻尼

具有某种阻尼关系的两个物体之间如果有相对速度，作用在某个物体上的力与相对速度之间就可使用代数方程描述。如图 3.3(a)所示，某质量块在具有层流属性的油层上滑行，该质量块受黏性摩擦作用，所受阻尼力满足以下线性方程：

$$f = B\Delta v \tag{3.6}$$

式中，B 为阻尼系数或摩擦系数，单位为牛顿·秒/米(N·s/m)，它与接触面积和油层的黏度成正比，与油层厚度成反比，因此较重的质量块会使得油层变薄，这样就会增大阻尼系数 B 的值；Δv 为速度差，且 $\Delta v = v_2 - v_1$。阻尼力的方向为质量块运动方向的反方向，从物理意义上理解即阻尼力阻碍质量块的运动。结合式(3.6)分析图 3.3(a)，来自油层的力 f 作用在质量块 M 上，方向向左。根据牛顿第三定律，油层受到来自质量块的向右的反作用力，大小也为 f。

有时两个物体间的阻尼力小到可以忽略不计，在这种情况下，描述可以忽略不计的阻尼力的图示如图 3.3(b)所示，在两个物体之间使用小圆轮表示不计阻尼力，看起来好像抽象的轴承一样，提示读者此处忽略阻尼力。

前述提及的黏性摩擦也通常用来设计成阻尼器，如汽车里的减振器。如图 3.4(a)所示，充满液压油的液压缸内有一个横截面上有小孔的活塞，当活塞在液压缸内左右移动时，液压

油就会通过小孔。该液压缸和活塞系统可简化为图 3.4(b) 的形式。很多阻尼器都是非线性的，但如果阻尼器内的液体流动形式是层流形式，也可使用式(3.6)来描述阻尼器。若图 3.3(a) 中油层是静止的，或者图 3.4(a) 中阻尼器的液压缸是静止的，那么 $v_1=0$，因此式(3.6)就简化为 $f = Bv_2$。

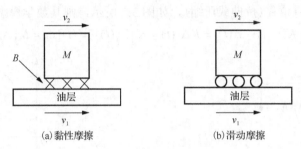

图 3.3　阻尼及其上变量

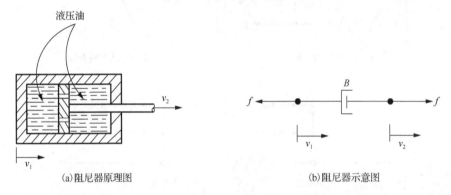

图 3.4　阻尼器

如果阻尼器或油层是无质量的，那么当力 f 作用于阻尼器的一端时(此端为作用点)，大小相等、方向相反的反作用力就会作用于阻尼器的另一端(此端为参考点)，如图 3.4(b) 所示。这就意味着在如图 3.5 所示的系统里，力 f 通过阻尼器传递直接作用于质量块 M 上。

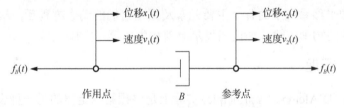

图 3.5　阻尼及其上的变量

根据速度和位移之间的关系，结合式(3.6)和图 3.5，可得阻尼器数学模型为

$$f_B(t) = B\left\{\frac{\mathrm{d}}{\mathrm{d}t}[x_1(t) - x_2(t)]\right\} = B\frac{\mathrm{d}\Delta x(t)}{\mathrm{d}t} = B[v_1(t) - v_2(t)] = B\Delta v(t) \tag{3.7}$$

3.3.3　弹簧

机械元件在受到挤压时都会发生不同程度的形变，可用刚度来描述元件的这种形变程度。通常使用压缩量或拉伸量与挤压或拉伸力的代数关系来定量描述刚度的大小。最常见的刚度

元件是弹簧，如图 3.6(a)所示的弹簧，d_0 是弹簧未受力时的长度，x 是弹簧受到外力 f 后被拉长或被压缩的长度，$d(t)$ 是在任意时刻的总长度 $d_0 + x$。由此可见，刚度的属性与拉长或压缩长度 x 和外力 f 的代数关系有关。对于线性弹簧来说，图 3.6(b)中的曲线为直线，其方程为 $f = Kx$，弹簧系数 K 为常数，单位为牛顿/米（N/m）。

若弹簧的两端均有位移（拉伸或压缩），如图 3.7 所示，则其数学模型为

$$f_K(t) = K[x_1(t) - x_2(t)] = K\Delta x(t) = K\int [v_1(t) - v_2(t)]\,\mathrm{d}t = K\int \Delta v(t)\mathrm{d}t \tag{3.8}$$

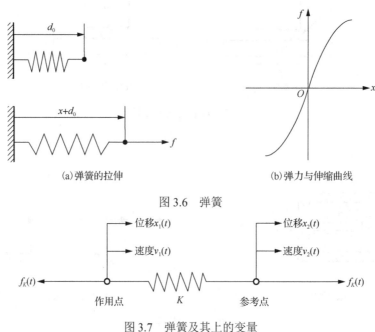

(a)弹簧的拉伸　　　　　　　　　　(b)弹力与伸缩曲线

图 3.6　弹簧

图 3.7　弹簧及其上的变量

3.4　机械平移系统物理定律

在给出了机械平移系统中的几个主要元素及描述它们的动态方程后，接下来将介绍描述这些元素相互作用的物理定律，如达朗贝尔原理和牛顿第三定律。

3.4.1　达朗贝尔原理

达朗贝尔原理（D'Alembert's principle）实际上是牛顿第二定律的另一种表述，对于某质量不变的刚体，根据牛顿第二定律可知

$$\sum_i (f_{\text{ext}})_i = M\frac{\mathrm{d}v}{\mathrm{d}t} \tag{3.9}$$

式中，$(f_{\text{ext}})_i$ 为作用在刚体上所有外力的和。尽管力和速度都是矢量，但由于仅关注刚体的水平或垂直等平移运动，因此将力和速度均看作标量即可。将式(3.9)进行移项处理：

$$\sum_i (f_{\text{ext}})_i - M\frac{\mathrm{d}v}{\mathrm{d}t} = 0 \tag{3.10}$$

假设$-M\cdot\mathrm{d}v/\mathrm{d}t$ 是一个附加力，换句话说，把牛顿第二定律里的加速度与质量的乘积看作一个力。那么由式(3.10)可知，刚体质量块处于某个平衡状态。该附加力又称为惯性力或达

朗贝尔惯性力，因此式(3.10)可写成如下的平衡方程：

$$\sum_i f_i = 0 \qquad\qquad (3.11)$$

式中，f_i 为作用在刚体质量块上的所有力，包括惯性力。该方程即为达朗贝尔原理。由式(3.10)可知，如果 $\mathrm{d}v/\mathrm{d}t > 0$，那么惯性力前面的负号代表该力的方向与刚体质量块的运动方向相反，即阻碍物体的运动。

　　尽管达朗贝尔原理与牛顿第二定律从物理意义上看是相同的，但从使用习惯角度来看，很多人更偏好于使用后者。在本章更推荐使用达朗贝尔原理。因为在使用该原理时，包括惯性力在内的所有力都会显示在受力分析图上，这样就不会漏掉力或者弄错力的方向。另外，达朗贝尔原理对于力的理解和描述与其他系统相比，如电气系统和液控系统对变量的理解与描述，具有相同的形式，这更利于不同系统之间的模拟或仿真。

　　另外，达朗贝尔原理除了能用于有质量系统之外，也适用于无质量系统，只不过在这种情况下惯性力为零。

3.4.2　牛顿第三定律

　　牛顿第三定律主要考虑的是两个元素之间的受力情况，它根据一个元素对另一个元素的作用力而知第一个元素上也存在大小相等、方向相反的反作用力。这对于列写整个系统数学模型非常重要。

　　如图 3.8(a)所示，弹簧右端受到作用在质量块上的拉力 $f_K(t)$，若右向为正方向，则该力为朝右的正力。根据牛顿第三定律可知，质量块也受到一个与 $f_K(t)$ 大小相等、方向相反的反作用力 $f_K(t)$，方向朝左，如图 3.8(b)所示。同理，对于弹簧的左端，其与墙壁连接，也存在着一对大小相等、方向相反的作用力和反作用力。

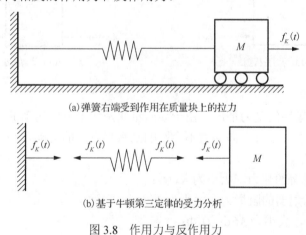

(a)弹簧右端受到作用在质量块上的拉力

(b)基于牛顿第三定律的受力分析

图 3.8　作用力与反作用力

3.5　机械平移系统建模

　　3.1~3.4 节介绍了变量、基于变量描述的元素以及用于描述元素之间关系的物理定律，这些都是系统建模的基础。考虑到位移、速度和加速度之间的数学关系，即位移的导数是速度，速度的导数是加速度，在给系统建模时，就可使用它们之间的这些数学关系。需要提醒的是，在建模之初，要给出位移、速度和加速度的正方向，且它们三者的正方向应该是相同的，这样，在受力分析图上仅标注其一的方向即可。

3.5.1 受力分析图

从力学角度看，绘制受力分析图是建模的第一步。在使用达朗贝尔原理对系统进行受力分析时，首先要对组成系统的每个元素进行受力分析，也就是绘制基于元素的受力分析图。然后使用达朗贝尔原理和牛顿第三定律，建立每个元素的数学模型，即微分方程。下面通过两个例子说明绘制受力分析图和建立数学模型的过程。

例 3.1 某质量-弹簧-阻尼系统原理图如图 3.9(a)所示，质量块与地面之间无摩擦，弹簧与阻尼器为线性元件，K、B 分别为弹簧系数和阻尼系数，M 为质量块的质量。力 $f_a(t)$ 为给定外力，也是系统的输入变量；位移 $x(t)$ 为质量块的位移，也是该系统的输出变量。图中速度 $v(t)$ 仅为中间变量，不应出现在最终的系统模型中。试绘制系统质量块的受力分析图，并应用达朗贝尔原理列写系统的数学模型，即系统的微分方程。

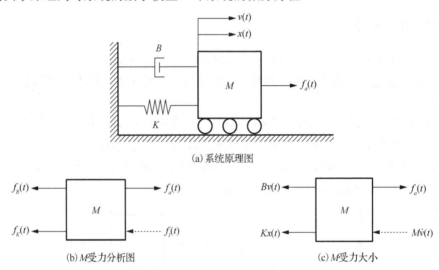

(a) 系统原理图

(b) M 受力分析图　　　　　　　　　　(c) M 受力大小

图 3.9　质量-弹簧-阻尼系统 1

解：首先分析质量块的受力情况。由于该质量块是水平方向运动的，因此忽略质量块重力。在经典控制理论里，垂直方向的力不会影响到水平方向的运动。因此，质量块受到的水平力如下：

(1) $f_K(t)$，来自弹簧的弹力，大小为 $Kx(t)$；

(2) $f_B(t)$，来自阻尼器的阻尼力，大小为 $Bv(t)$；

(3) $f_I(t)$，惯性力，大小为 $M \cdot \mathrm{d}v(t)/\mathrm{d}t$；

(4) $f_a(t)$，外力，大小为已知给定。

根据上述受力情况分析，绘制质量块 M 的受力分析图，如图 3.9(b)所示。为了与客观存在的力区别，使用虚线箭头表示惯性力 $f_I(t)$。

由图 3.9(c)和达朗贝尔原理可知，选质量块运动方向右向为正，则可得系统数学模型，即微分方程如下：

$$f_a(t) - [M\dot{v}(t) + Bv(t) + Kx(t)] = 0$$

进一步化简并将输入和输出分别整理至方程同侧，可得
$$M\ddot{x}(t) + B\dot{x}(t) + Kx(t) = f_a(t) \tag{3.12}$$

例 3.1 的位移比较简单，但有时元素的位移不是绝对值，而是相对于其他元素的相对值。

例 3.2　某质量-弹簧-阻尼系统原理图如图 3.10(a)所示，质量块与地面之间无摩擦，弹簧与阻尼器为线性元件。力 $f_a(t)$ 为给定外力，也是系统的输入变量；位移 $x_1(t)$ 和 $x_2(t)$ 分别为质量块 1 和质量块 2 的位移，也是该系统的输出变量。K_1、K_2 和 B 分别为弹簧 1、弹簧 2 和阻尼器的系数。试绘制系统质量块的受力分析图，并应用达朗贝尔原理分别列写质量块 1 和质量块 2 的微分方程。

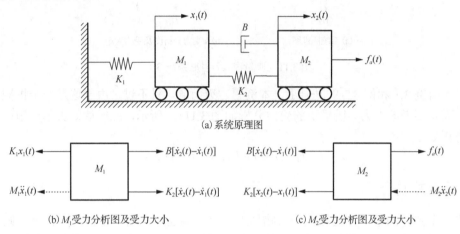

(a) 系统原理图

(b) M_1 受力分析图及受力大小　　　　(c) M_2 受力分析图及受力大小

图 3.10　质量-弹簧-阻尼系统 2

解：首先分析两个质量块的受力情况。先不考虑两个质量块受力的大小，仅考虑受力种类可知，质量块 M_1 受 4 个力，分别为弹力 $f_{K_1}(t)$、惯性力 $f_{I_1}(t)$、阻尼力 $f_B(t)$ 和弹力 $f_{K_2}(t)$。以阻尼力 $f_B(t)$ 为例，阻尼器 B 的两端均有位移，分别为 $x_1(t)$ 和 $x_2(t)$，因此，参考图 3.5 和式(3.7)可知，$f_B(t) = B[\dot{x}_2(t) - \dot{x}_1(t)]$，即对于两端均有位移的阻尼器来说，力表达式里面的位移或者速度就是相对位移或者相对速度。同理弹力 $f_{K_2}(t) = K_2[x_1(t) - x_2(t)]$。其实，对于例 3.1 里面的位移，可将其理解为固定端的位移或速度为 0。

因此在上述分析下，可知质量块 M_1 的受力分别为弹力 $K_1 x_1(t)$、惯性力 $M_1 \ddot{x}_1(t)$、阻尼力 $B[\dot{x}_2(t) - \dot{x}_1(t)]$ 和弹力 $K_2[x_1(t) - x_2(t)]$。其受力分析图如图 3.10(b)所示。同理，可得到质量块 M_2 的受力分析图，如图 3.10(c)所示。因此，可列写两个质量块的微分方程为

$$B[\dot{x}_2(t) - \dot{x}_1(t)] + K_2[x_2(t) - x_1(t)] - M_1 \ddot{x}_1(t) - K_1 x_1(t) = 0$$
$$f_a(t) - M_2 \ddot{x}_2(t) - B[\dot{x}_2(t) - \dot{x}_1(t)] - K_2[x_2(t) - x_1(t)] = 0$$

进一步化简为

$$M_1 \ddot{x}_1(t) + B\dot{x}_1(t) + (K_1 + K_2)x_1(t) - B\dot{x}_2(t) - K_2 x_2(t) = 0 \tag{3.13a}$$
$$-B\dot{x}_1(t) - K_2 x_1(t) + M_2 \ddot{x}_2(t) + B\dot{x}_2(t) + K_2 x_2(t) = f_a(t) \tag{3.13b}$$

例 3.3　某质量-弹簧-阻尼系统原理图如图 3.11(a)所示，弹簧与阻尼器为线性元件。力 $f_a(t)$ 为给定外力，也是系统的输入变量；$x(t)$ 为质量块的位移，也是系统的输出变量。K 和 B 分别为弹簧和阻尼器的系数。试绘制包括重力在内的系统受力分析图，并应用达朗贝尔原理列写系统的微分方程。

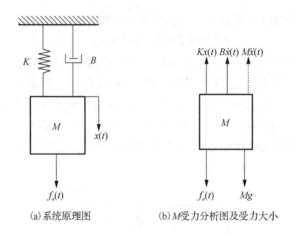

(a)系统原理图　　　　　　　(b) M 受力分析图及受力大小

图 3.11　质量-弹簧-阻尼系统 3

解： 在前例 3.1 和例 3.2 的基础上，本例题迎刃而解，只不过，由于这是一个机械垂直平移系统，因此要考虑重力。质量块的受力分析如图 3.11(b)所示，应用达朗贝尔原理可得系统的微分方程如下：

$$M\ddot{x}(t) + B\dot{x}(t) + Kx(t) = f_a(t) + Mg \tag{3.14}$$

3.5.2　元素并联

如果多个弹簧的某一端连接在同一物体上，另一端连接在另一个同一物体上，则称这些弹簧是并联的。当多个弹簧并联时，可用一个等效弹簧来代替它们。阻尼器的并联也如此。下面以弹簧为例，说明如何获得并联等效弹簧。

例 3.4　某质量-并联弹簧系统原理图如图 3.12(a)所示，两只并联弹簧具有相同的初值。

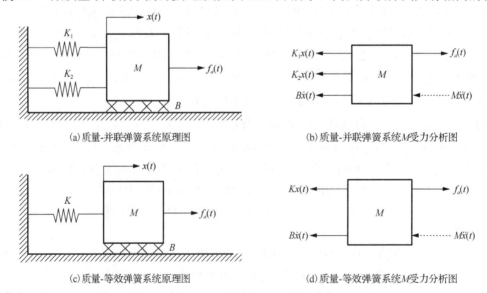

(a)质量-并联弹簧系统原理图　　　　　　(b)质量-并联弹簧系统 M 受力分析图

(c)质量-等效弹簧系统原理图　　　　　　(d)质量-等效弹簧系统 M 受力分析图

图 3.12　质量-并联弹簧系统

(1)写出以质量块为分析对象的微分方程。

(2)求能代替这两只并联弹簧的等效弹簧,即求能代替弹簧系数 K_1 和 K_2 的等效弹簧系数 K_{eq}。

解： (1) 以质量块为对象的受力分析如图 3.12(b) 所示，该质量-并联弹簧系统的微分方程为

$$M\ddot{x}(t) + B\dot{x}(t) + (K_1 + K_2)x(t) = f_a(t) \tag{3.15}$$

(2) 若使用一只等效弹簧代替两只并联弹簧，则系统原理图见图 3.12(c)，受力分析如图 3.12(d) 所示，该质量-等效弹簧系统的微分方程为

$$M\ddot{x}(t) + B\dot{x}(t) + Kx(t) = f_a(t) \tag{3.16}$$

由式 (3.15) 和式 (3.16) 可知该等效弹簧系数为

$$K_{eq} = K_1 + K_2 \tag{3.17}$$

式 (3.17) 说明，如图 3.13(a) 所示的并联弹簧的等效弹簧系数为并联弹簧系数的和与并联弹簧相同，如图 3.13(b) 所示的并联阻尼器的等效阻尼系数为并联阻尼系数的和：

$$B_{eq} = B_1 + B_2 \tag{3.18}$$

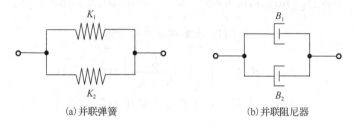

(a) 并联弹簧　　　　　　　　(b) 并联阻尼器

图 3.13　元素并联

3.5.3　元素串联

如果多个弹簧的端点顺次连接，称这些弹簧是串联的。当多个弹簧串联时，可用一个等效弹簧来代替它们。阻尼器的串联也如此。下面以弹簧为例，说明如何获得串联等效弹簧。同时在这一部分，也可了解达朗贝尔原理在无质量结点处的应用。

例 3.5　如图 3.14(a) 所示的质量-串联弹簧系统原理图，两只串联弹簧具有相同的初值，且 $x_1(t) = x_2(t) = 0$。

(1) 分别画出质量块 M 和无质量结点 A 的受力分析图。

(2) 写出以力 $f_a(t)$ 为输入变量，以位移 $x_1(t)$ 为输出变量的微分方程。

(3) 求能代替这两只串联弹簧的等效弹簧，即求能代替弹簧系数 K_1 和 K_2 的等效弹簧系数 K_{eq}。

解： (1) 质量块 M 和无质量结点 A 的受力分析分别如图 3.14(b) 和 (c) 所示。需要注意的是，由于结点 A 是无质量的，所以其受力分析图上没有惯性力。

(2) 根据受力分析图，可得质量块 M 和无质量结点 A 的微分方程如下：

$$M\ddot{x}_1(t) + B\dot{x}_1(t) + K_1[x_1(t) - x_2(t)] = f_a(t) \tag{3.19}$$

$$K_2 x_2(t) = K_1[x_1(t) - x_2(t)] \tag{3.20}$$

由式 (3.20) 可得

$$x_2(t) = \left(\frac{K_1}{K_1 + K_2}\right)x_1(t) \tag{3.21}$$

式 (3.21) 说明，位移 $x_2(t)$ 和 $x_1(t)$ 呈比例关系。将式 (3.21) 代入式 (3.19) 可得

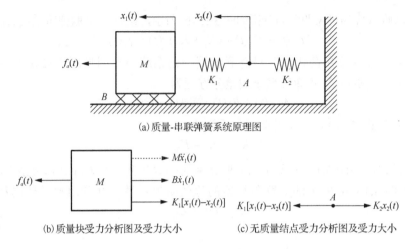

(a) 质量-串联弹簧系统原理图

(b) 质量块受力分析图及受力大小　　　　(c) 无质量结点受力分析图及受力大小

图 3.14　质量-串联弹簧系统

$$M\ddot{x}_1(t) + B\dot{x}_1(t) + K_1\left[1 - \frac{K_1}{K_1 + K_2}\right]x_1(t) = f_a(t) \tag{3.22}$$

进一步化简可得以力 $f_a(t)$ 为输入变量，以位移 x 为输出变量的微分方程：

$$M\ddot{x}_1(t) + B\dot{x}_1(t) + \frac{K_1 K_2}{K_1 + K_2}x_1(t) = f_a(t) \tag{3.23}$$

（3）根据式（3.23）可知，图 3.14（a）中的两个串联弹簧的系数可由如下的等效弹簧系数代替：

$$K_{eq} = \frac{K_1 K_2}{K_1 + K_2} \tag{3.24}$$

式（3.24）说明，如图 3.15（a）所示的两个串联弹簧的等效弹簧系数为串联弹簧系数的乘积除以串联弹簧系数的和。与串联弹簧相同，如图 3.15（b）所示的串联阻尼器的等效阻尼系数为串联阻尼系数的乘积除以串联阻尼器系数的和：

$$B_{eq} = \frac{B_1 B_2}{B_1 + B_2} \tag{3.25}$$

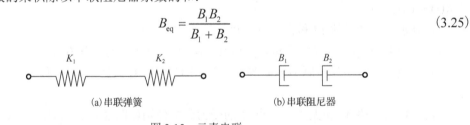

(a) 串联弹簧　　　　　　　　(b) 串联阻尼器

工程师的非技术能力(1)　　　　图 3.15　元素串联

本 章 习 题

3.1　某系统如图 3.16 所示，位移 x_i 和 x_o 分别为输入变量和输出变量，B 是阻尼系数，K_1 和 K_2 是弹簧系数。请绘制系统的受力分析图并求其微分方程。

3.2　某机械平移系统如图 3.17 所示，位移 x_1 为输出变量，力 $f = \sin t$ 为输入变量，B 为阻尼系数，K_1、K_2 和 K_3 均为弹簧系数，M_1、M_2 为质量块的质量。

（1）绘制两个质量块的受力分析图。

（2）写出以位移 x_1 为输出变量、力 $f = \sin t$ 为输入变量的系统微分方程。

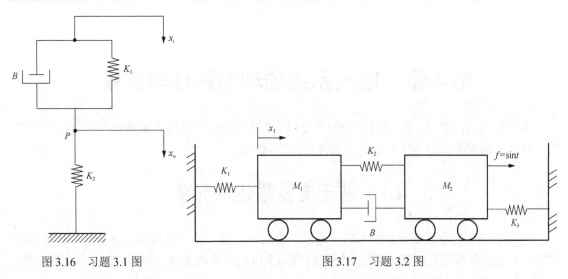

图 3.16　习题 3.1 图　　　　　　　　　　　图 3.17　习题 3.2 图

3.3　某机械平移系统如图 3.18 所示，位移 x_a 和 x_b 均为输出变量，力 $f(t)$ 为输入变量，B_1、B_2、B_3 均为阻尼系数，K_1 和 K_2 为弹簧系数，M_1、M_2 为质量块的质量。

（1）绘制两个质量块的受力分析图。

（2）写出以位移 x_b 为输出变量、力 $f(t)$ 为输入变量的系统微分方程。

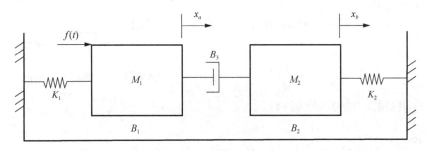

图 3.18　习题 3.3 图

3.4　求如图 3.19 所示系统的微分方程，其中 x_i 为输入变量，x_o 为输出变量，B_1、B_2 为阻尼系数，K_1、K_2 为弹簧系数。

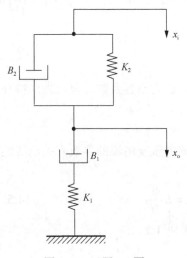

图 3.19　习题 3.4 图

第4章 电气系统的动态特性与建模

本章将使用与第 3 章求解机械平移系统数学模型相同的思路来求解电气系统的数学模型，并基于机械系统和电气系统给出系统相似性的概念。

4.1 基于变量描述的元素

电气系统涉及的常见元素为电阻、电容、电感和电源。前三者称为无源元件，这是因为尽管它们能存储或消耗能量，但它们不能向电路里引入额外的能量。相反，电源是有源元件，因为它能以输入的方式向电路里引入能量。

4.1.1 电阻

电阻属于耗能元件，如图 4.1 所示，其阻值大小与两端电压及通过其上的电流有关，线性电阻满足欧姆定律：

$$U_R = Ri \qquad (4.1)$$

或

$$i = \frac{1}{R} U_R \qquad (4.2)$$

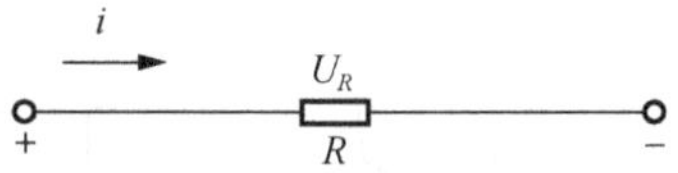

图 4.1 电阻及其上变量

式中，R 为电阻系数，单位为欧姆(Ω)。

4.1.2 电容

如图 4.2 所示，电容与其两端电压及电荷有关，由于电荷是电流的积分，因此可将电容和电压及电流关联起来，线性电容满足

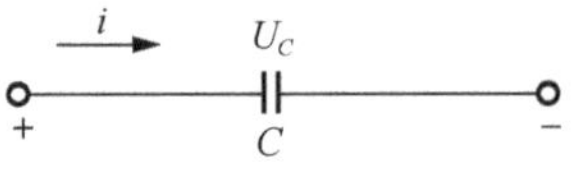

图 4.2 电容及其上变量

$$U_C = \frac{1}{C} \int i \mathrm{d}t \qquad (4.3)$$

或

$$i = C \frac{\mathrm{d}U_C}{\mathrm{d}t} \qquad (4.4)$$

式中，C 为电容系数，单位为法拉(F)。

4.1.3 电感

如图 4.3 所示，电感与两端电压及电流的导数有关，线性电感满足

$$U_L = L \frac{\mathrm{d}i}{\mathrm{d}t} \qquad (4.5)$$

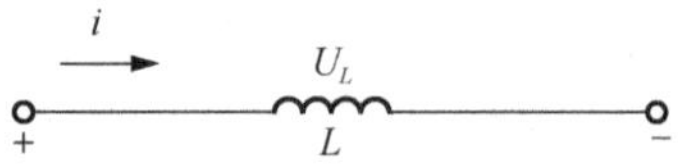

图 4.3 电感及其上变量

式中，L 为电感系数，单位为亨利(H)。

4.2　电气系统物理定律

从科学家到我们 (2)

基尔霍夫电压和电流定律是电气系统建模的常用物理定律，主要包括：①闭合电路内各段电压的代数和为零；②流入任一结点的电流的代数和为零。换句话说，基尔霍夫电压定律就是沿着闭合回路的所有电动势的代数和等于所有电压降的代数和，基尔霍夫电流定律就是所有进入某结点的电流代数和等于所有流出该结点的电流总和。

4.2.1　基尔霍夫电压定律

用公式表示的基尔霍夫电压定律如下：

$$\sum_j U_j = 0 \tag{4.6}$$

式中，U_j 为回路中第 j 个元件两端电压值。如图 4.4 所示，根据基尔霍夫电压定律可知

$$U_1 + U_2 - U_3 - U_4 = 0$$

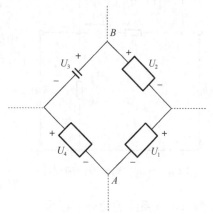

图 4.4　基尔霍夫电压定律示意图

4.2.2　基尔霍夫电流定律

用公式表示的基尔霍夫电流定律如下：

$$\sum_j i_j = 0 \tag{4.7}$$

式中，i_j 为流经第 j 个元件上的电流。如图 4.5 所示，由基尔霍夫电流定律可知

$$i_1 + i_2 + i_3 = 0$$

4.2.3　结点分析法

在电气系统的结点分析法中，首先选择某个结点作为参

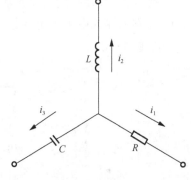

图 4.5　基尔霍夫电流定律示意图

考结点，然后定义参考结点和其他结点之间的电压。根据定义的结点电压，可求出流经两个结点之间元件的电流。这样就可以在两个结点之间的元件上使用欧姆定律，然后根据基尔霍夫定律获得有关电压代数和以及电流代数和的方程。

4.3　电气系统建模

电气系统建模的主要步骤如下：

(1) 分析实际物理系统的工作原理，弄清楚系统内各元件及元件上各变量之间的关系，尤其找准系统的输入和输出；

(2) 根据电气系统物理定律，从输入开始列写系统各部分的动态方程；

(3) 消除为列写各动态方程所引入的中间变量；

(4)将获得的仅有输出和输入变量的微分方程整理为标准形式，即将输入和输出各放置在方程一端，且按照变量阶次的降幂排列。

下面结合两道例题熟悉上述步骤。

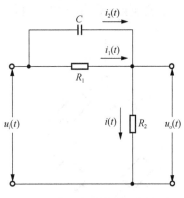

图 4.6　某电气系统原理图(一)

例 4.1　使用欧姆定律和基尔霍夫定律列写如图 4.6 所示电气系统的微分方程，$u_i(t)$ 和 $u_o(t)$ 分别为输入电压和输出电压，R_1、R_2 和 C 分别为各元件系数(图中标注的所有电流均为中间变量)。

解： 根据基尔霍夫定律和欧姆定律以及结点分析法可得

$$i_1(t) + i_2(t) = i(t)$$

$$\frac{1}{C}\int i_2(t)\mathrm{d}t = R_1 i_1(t)$$

$$u_o(t) = R_2 i(t)$$

$$u_i(t) = R_1 i_1(t) + u_o(t)$$

联立上述 4 个方程，删除所有中间变量 $i_1(t)$、$i_2(t)$、$i(t)$，得到该电气系统的微分方程为

$$R_1 C \frac{\mathrm{d}u_o(t)}{\mathrm{d}t} + \frac{R_1 + R_2}{R_2} u_o(t) = CR_1 \frac{\mathrm{d}u_i(t)}{\mathrm{d}t} + u_i(t)$$

例 4.2　使用欧姆定律和基尔霍夫定律列写如图 4.7 所示电气系统的微分方程，$u_i(t)$ 和 $u_o(t)$ 分别为输入电压和输出电压，R_1、R_2、L 和 C 分别为各元件系数(图中标注的所有电流均为中间变量)。

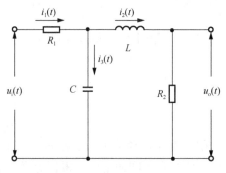

图 4.7　某电气系统原理图(二)

解： 根据基尔霍夫定律和欧姆定律以及结点分析法可得

$$u_i(t) = i_1(t)R_1 + \frac{1}{C}\int i_3(t)\mathrm{d}t$$

$$i_1(t) = i_2(t) + i_3(t)$$

$$\frac{1}{C}\int i_3(t)\mathrm{d}t = L\frac{\mathrm{d}i_2}{\mathrm{d}t} + i_2(t)R_2$$

$$u_o(t) = i_2(t)R_2$$

联立上述 4 个方程，删除中间变量 $i_1(t)$、$i_2(t)$、$i_3(t)$，得该电气系统的微分方程为

$$R_1 LC \frac{\mathrm{d}^2 u_o(t)}{\mathrm{d}t^2} + (R_1 R_2 C + L)\frac{\mathrm{d}u_o(t)}{\mathrm{d}t} + (R_1 + R_2)u_o(t) = R_2 u_i(t)$$

4.4　系统相似性

如前所述，控制系统的动态特性可用微分方程来描述，为了获得微分方程，首先就要明晰控制系统各组成部件或元件的基本原理，结合相关物理定律，获得其微分方程。不同物理系统的微分方程在形式上有可能是相同的，这种能用相同形式微分方程描述不同物理系统的性质称为不同系统的相似性。表 4.1 为机械平移系统和电气系统之间的相似性元件，可利用元件的相似性在两种系统之间进行仿真或者模拟。

表 4.1　机械平移系统和电气系统之间的相似性元件

机械平移系统		电气系统	
变量和元素符号	变量和元素	变量和元素符号	变量和元素
f	力	U	电压
v	速度	I	电流
M	质量	L	电感
K	弹簧	$1/C$	电容的倒数
B	阻尼	R	电阻

图 4.8 为机械平移系统和电气系统之间的相似性，该图所示的具体内容将在第 5 章进行详述，本节仅关注它们的相似性。图 4.8(a)所示液压积分环节的数学模型(传递函数)为

$$G(s) = \frac{X(s)}{Q(s)} = \frac{1}{As} \tag{4.8}$$

同时，图 4.8(b)所示的电气积分环节的数学模型(传递函数)为

$$G(s) = \frac{U_C(s)}{I(s)} = \frac{1}{Cs} \tag{4.9}$$

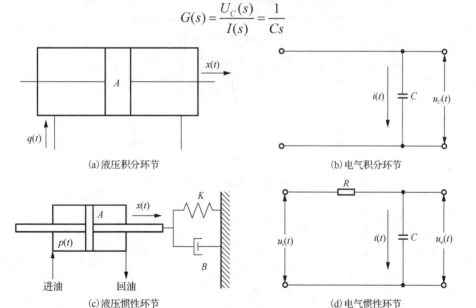

(a)液压积分环节　　　　　　　　　　　　(b)电气积分环节

(c)液压惯性环节　　　　　　　　　　　　(d)电气惯性环节

图 4.8　不同系统之间的相似性

根据式(4.8)和式(4.9)可知,尽管这两个系统是截然不同的,但是用于描述它们的数学模型却具有相同的形式。同样地,对于图4.8(c)和(d)所示的液压惯性环节和电气惯性环节来说,它们的数学模型(传递函数)也具有相同的形式:

$$G(s) = \frac{X(s)}{P(s)} = \frac{\dfrac{A}{K}}{\dfrac{B}{K} \cdot s + 1} \tag{4.10}$$

$$G(s) = \frac{U_o(s)}{U_i(s)} = \frac{1}{RCs + 1} \tag{4.11}$$

本 章 习 题

4.1 求图4.9(a)、(b)、(c)所示电气系统的微分方程,其中 $u_i(t)$ 为输入变量, $u_o(t)$ 为输出变量, R、L 和 C 分别为各元件系数 (图中标注的所有电流均为中间变量)。

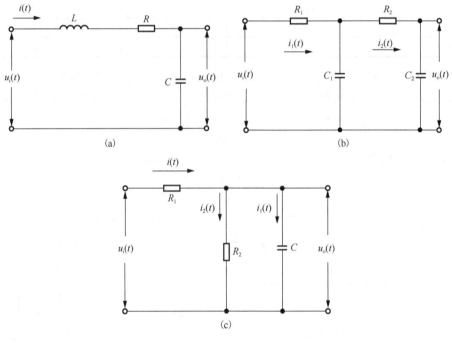

图 4.9　无源电气系统

第5章 控制系统的基本原理

5.1 概　述

控制系统可由传递函数方框图表示,图中的每一个方框内为系统某个组件、元件或元素的传递函数。

开环控制系统和闭环控制系统的传递函数方框图分别如图 5.1(a) 和 (b) 所示。可将开环控制系统看作闭环控制系统的特殊情况,除非另有特定说明,本章及其后续章节均以闭环控制系统为分析对象。

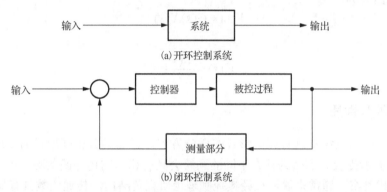

(a)开环控制系统

(b)闭环控制系统

图 5.1　控制系统的两种常见形式

系统的传递函数和方框图为线性系统分析与设计的两种重要工具。本章首先讲解传递函数的定义;然后从传递函数方框图的化简入手,讲解如何根据传递函数方框图获得系统的传递函数;同时,也将反向而行,即根据微分方程绘制系统的传递函数方框图;最后,将介绍信号流程图以及基于信号流程图的梅森公式,使用该公式可使获取系统传递函数的过程大为简化。

5.2　传　递　函　数

5.2.1　传递函数定义

令所有初始条件均为零,某系统或某元件的传递函数可定义为输出拉氏变换 $F_o(s)$ 与输入拉氏变换 $F_i(s)$ 的比值,即

$$G(s) = \frac{F_o(s)}{F_i(s)} \tag{5.1}$$

从式 (5.1) 可看出,传递函数实际上就是一个用 s 表示的物理系统,它可通过某个常微分方程获得,例如,某个由 n 阶输入-输出方程描述的系统如下:

$$a_n y^{(n)} + a_{n-1} y^{(n-1)} + \cdots + a_1 \dot{y} + a_0 y = b_m x^{(m)} + b_{m-1} x^{(m-1)} + \cdots + b_1 \dot{x} + b_0 x \tag{5.2}$$

假设系统的输入从 $t = 0^+$ 开始，且 $y(0), \dot{y}(0), \cdots, y^{(n-1)}(0), x(0), \dot{x}(0), \cdots, x^{(m-1)}(0)$ 均为零。对式 (5.2) 的两端进行拉氏变换，可得关于 s 的代数方程如下：

$$(a_n s^n + a_{n-1} s^{n-1} + \cdots + a_1 s + a_0) Y(s) = (b_m s^m + b_{m-1} s^{m-1} + \cdots + b_1 s + b_0) X(s)$$

对上述方程进行整理后，得到关于输出的表达式为

$$Y(s) = \frac{b_m s^m + b_{m-1} s^{m-1} + \cdots + b_1 s + b_0}{a_n s^n + a_{n-1} s^{n-1} + \cdots + a_1 s + a_0} X(s) \tag{5.3}$$

显而易见，输出变换 $Y(s)$ 是输入变换 $X(s)$ 与关于复变量 s 的有理函数的乘积。这个关于 s 的有理函数，即式 (5.3) 右侧的有理函数，即为系统的传递函数。传递函数在线性系统的分析与设计中起着关键作用。引入 $G(s)$ 表示传递函数，即

$$G(s) = \frac{b_m s^m + b_{m-1} s^{m-1} + \cdots + b_1 s + b_0}{a_n s^n + a_{n-1} s^{n-1} + \cdots + a_1 s + a_0} \tag{5.4}$$

因此式 (5.3) 可改写为

$$Y(s) = G(s) X(s) \tag{5.5}$$

即传递函数为

$$G(s) = \frac{Y(s)}{X(s)} \tag{5.6}$$

5.2.2　传递函数性质

看似截然不同的系统却具有相同形式的微分方程，进而具有相同形式的传递函数，这种现象在第 4 章有所提及。那么为什么不同的系统会具有相同的传递函数呢？可以试着从传递函数的性质寻找答案。通常来说，在经典控制理论研究范畴内，传递函数具有如下性质。

(1) 传递函数与系统的固有特性有关，独立于系统的输入信号，即系统的固有特性不受输入信号的影响。

(2) 由微分方程获得传递函数时，所有初始条件均假设为零，同时，也假设系统最初处于静止状态。

(3) 传递函数只适用于描述具有时不变特性的线性系统，即在系统工作期间或在对系统进行分析和设计的过程中，传递函数的各参数不发生变化或只发生微小变化。

(4) 由于传递函数等于系统输出的拉氏变换除以系统输入的拉氏变换，因此传递函数的单位与系统输入和输出的单位有关。

在获得传递函数的过程中，拉氏变换是必需的数学工具，而拉氏变换是线性积分变换，因此很好理解为何假设初始条件为零以及参数不变。所以，在经典控制理论中，经常会做这样的前提陈述："设某系统是线性时不变系统。"但往往实际系统并非如此，如基于欧姆定律可知，流经某电阻的电流等于该电阻两端的电压除以电阻值。这就是说，常用的欧姆定律是基于线性时不变系统而言的。但如果瞬间电压过高，电流就会过高，进而导致电阻发热，最终会使恒定不变的电阻值瞬间变大，严重的情况甚至会导致电阻熔化，这就是常说的"电阻被烧了"。上述特殊情况的发生是因为如果该电阻系统在其工作范围之外运行，若某时刻瞬间增大电压，则该电阻系统就会变为时变或非线性系统，并最终不连续。如果该电阻系统始终在其工作范围内运行，则其即为线性时不变系统。这也是系统操作手册上都会标注安全工作范围的原因。

例 5.1　分别求下列微分方程的传递函数(所有初始条件均为零)。

(1) $5\dfrac{d^3y}{dt^3}+2\dfrac{d^2y}{dt^2}+\dfrac{dy}{dt}+2y=6\dfrac{dx}{dt}+7x$。

(2) $\dfrac{d^4y}{dt^4}+2\dfrac{d^3y}{dt^3}+6\dfrac{d^2y}{dt^2}+3\dfrac{dy}{dt}+2y=4x$。

解：根据零初始条件下的微分定理对题干中的微分方程分别进行拉氏变换，并整理为输出比输入的形式，可得传递函数分别如下。

(1) $G(s)=\dfrac{Y(s)}{X(s)}=\dfrac{6s+7}{5s^3+2s^2+s+2}$。

(2) $G(s)=\dfrac{Y(s)}{X(s)}=\dfrac{4}{s^4+2s^3+6s^2+3s+2}$。

5.2.3　传递函数的有理分式形式

在式(5.4)中，a_n 和 b_m 是实际物理系统的实常数，且 $m<n$。$Y(s)$ 是分子多项式，$X(s)$ 是分母多项式，且 $X(s)=0$ 是系统的特征方程。对式(5.4)进行因式分解可得

$$G(s)=K'\frac{(s-z_1)(s-z_2)\cdots(s-z_m)}{(s-p_1)(s-p_2)\cdots(s-p_n)} \tag{5.7}$$

式中，$z_1,z_2,\cdots,z_m$ 是分子多项式方程 $Y(s)=0$ 的根，称其为传递函数的零点；$p_1,p_2,\cdots,p_n$ 是特征方程 $X(s)=0$ 的根，称其为传递函数的极点，也称为特征根；$K'=b_m/a_n$。零极点可以是实数，也可以是复数，因此式(5.7)又可写为

$$G(s)=K'\frac{(s-z_1)(s-z_2)\cdots(s^2+\beta_1s+\alpha_1)(s^2+\beta_2s+\alpha_2)\cdots}{(s-p_1)(s-p_2)\cdots(s^2+\delta_1s+\gamma_1)(s^2+\delta_2s+\gamma_2)\cdots} \tag{5.8}$$

式中，z_i、p_i、α_i、β_i、γ_i、δ_i $(i=1,2,\cdots)$ 均为实数。

$G(s)$ 的根可表示在 s 平面上，例如，某系统的传递函数为

$$G(s)=\frac{s+2}{(s+3)(s^2+2s+2)}$$

该系统的零极点分布如图 5.2 所示，其中"○"表示零点，"×"表示极点。

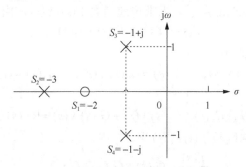

图 5.2　某系统的零极点分布图

5.2.4　串联元件的传递函数

复杂的控制系统对应着复杂的传递函数方框图，为了分析该系统，可通过化简传递函数方框图的方法来获得系统的传递函数。不管系统多么复杂，通常来说，其传递函数方框图都

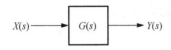

图 5.3　传递函数方框图

能化简成如图 5.3 所示的形式。

如何将复杂的方框图化简成图 5.3 所示的简单形式呢？这里介绍两种特殊情况，即元素的串联和并联，在 5.4 节中将介绍更为复杂的方框图化简方法。

元件的串联连接如图 5.4(a) 所示，下面化简此串联连接的方框图，换句话说，求传递函数 $Y(s)/X_1(s)$。由图 5.4(a) 可知

$$G_3(s) = \frac{Y(s)}{X_3(s)}, \quad G_2(s) = \frac{X_3(s)}{X_2(s)}, \quad G_1(s) = \frac{X_2(s)}{X_1(s)}$$

将上述三式连乘可得

$$G_1(s)G_2(s)G_3(s) = \frac{Y(s)X_3(s)X_2(s)}{X_1(s)X_2(s)X_3(s)} = \frac{Y(s)}{X_1(s)}$$

令

$$G(s) = G_1(s)G_2(s)G_3(s)$$

则

$$G(s) = \frac{Y(s)}{X_1(s)}$$

即该串联环节的传递函数 $Y(s)/X_1(s)$ 为串联元素的连乘，如图 5.4(b) 所示。若串联元素为 n 个，则传递函数为串联 n 个元素的连乘：

$$G(s) = G_1(s)G_2(s)G_3(s)\cdots = \prod_{i=1}^{n} G_i(s) \tag{5.9}$$

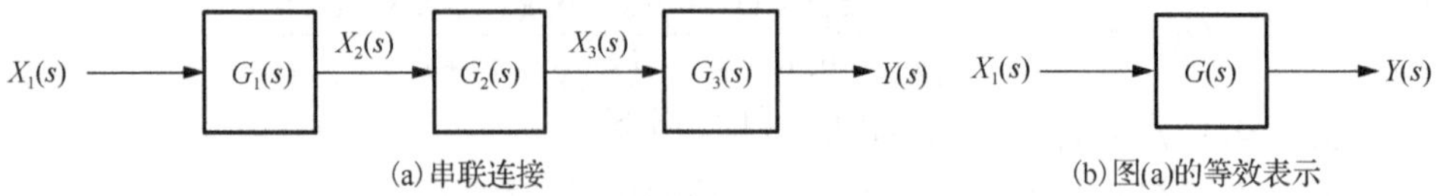

(a) 串联连接　　　　(b) 图(a)的等效表示

图 5.4　串联连接的方框图化简

5.2.5　并联元件的传递函数

元件的并联连接如图 5.5(a) 所示，为求传递函数 $Y(s)/X(s)$，由图 5.5 (a) 的加法点可知
$$Y(s) = Y_1(s) + Y_2(s) + Y_3(s)$$

且每条通路的传递函数分别为
$$Y_1(s) = G_1(s)X(s), \quad Y_2(s) = G_2(s)X(s), \quad Y_3(s) = G_3(s)X(s)$$

将上述三式相加可得
$$Y_1(s) + Y_2(s) + Y_3(s) = G_1(s)X(s) + G_2(s)X(s) + G_3(s)X(s) = [G_1(s) + G_2(s) + G_3(s)]X(s)$$

因此该并联环节的传递函数 $Y(s)/X(s)$ 为
$$\frac{Y(s)}{X(s)} = G_1(s) + G_2(s) + G_3(s)$$

即该并联环节的传递函数 $Y(s)/X(s)$ 为并联元素的连加，如图 5.5(b) 所示。若并联元素为 n 个，则传递函数为并联 n 个元素的连加：

$$G(s) = \sum_{i=1}^{n} G_i(s) \tag{5.10}$$

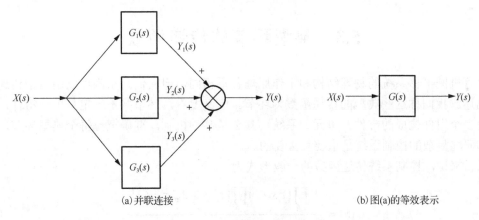

(a)并联连接　　　　　　　　(b)图(a)的等效表示

图 5.5　并联连接的方框图化简

例 5.2　某系统传递函数方框图如图 5.6 所示，求传递函数 $Y(s)/U(s)$ 和 $Z(s)/U(s)$。

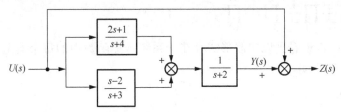

图 5.6　某系统传递函数方框图(1)

解：由右侧加法点可知，$Z(s)$ 可看作两个并行方框的输出之和，其中一个以 $Y(s)$ 作为输出，所以可首先求传递函数 $Y(s)/U(s)$。进一步可知，$Y(s)$ 可看作两部分串联组合的输出，其中之一又是基于左侧加法点的两个方框的并联组合：

$$\frac{2s+1}{s+4}+\frac{s-2}{s+3}=\frac{3s^2+9s-5}{s^2+7s+12}$$

因此方框图就可化简为图 5.7(a)所示的形式，将其中串联部分进一步化简可得

$$\frac{Y(s)}{U(s)}=\frac{3s^2+9s-5}{s^2+7s+12}\cdot\frac{1}{s+2}=\frac{3s^2+9s-5}{s^3+9s^2+26s+24}$$

于是图 5.7(a)化简为图 5.7(b)，基于图中加法点，将并联环节合并后可得

$$\frac{Z(s)}{U(s)}=1+\frac{Y(s)}{U(s)}=1+\frac{3s^2+9s-5}{s^3+9s^2+26s+24}=\frac{s^3+12s^2+35s+19}{s^3+9s^2+26s+24}$$

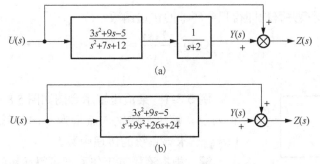

图 5.7　等效方框图

5.3 典型环节的传递函数

尽管机械平移系统的物理结构和工作原理各不相同，但它们几乎都可以用典型传递函数进行描述。我们称这些典型的传递函数为环节。广义上看，环节并不一定是单一组件，它可以是由多个组件构成的部件、单元、系统，甚至是某种机制。准确把握每个典型环节，对于分析和研究复杂的控制系统是重要且必要的。

通常来说，控制系统传递函数的一般形式为

$$G(s) = \frac{K\prod_{i=1}^{b}(\tau_i s+1)\prod_{l=1}^{c}(\tau_l^2 s^2 + 2\zeta_l\tau_l s+1)}{s^v\prod_{j=1}^{d}(T_j s+1)\prod_{k=1}^{e}(T_k^2 s^2 + 2\zeta_k T_k s+1)} \tag{5.11}$$

式中，$K = \dfrac{b_m}{a_n}\cdot\prod_{i=1}^{b}\dfrac{1}{\tau_i}\cdot\prod_{l=1}^{c}\dfrac{1}{\tau_l^2}\cdot\prod_{j=1}^{d}T_j\cdot\prod_{k=1}^{e}T_k^2$。

在式(5.11)中可直观看到以串联形式存在于系统传递函数中的每个典型环节，下面将对这些典型环节进行详细说明。

5.3.1 比例环节

比例环节的微分方程为

$$y(t) = kx(t)$$

对其两端进行拉氏变换并整理，即得比例环节的传递函数：

$$G(s) = \frac{Y(s)}{X(s)} = k \tag{5.12}$$

式中，k 为比例常数。

比例环节广泛存在于不同系统，如齿轮系统中的输出速度和输入速度、杠杆系统中的输出位移和输入位移、电位器的输出电压和输入角度、电子放大器的输出信号和输入信号等。

5.3.2 积分环节

积分环节的微分方程为

$$y(t) = k\int x(t)\mathrm{d}t$$

对其两端进行拉氏变换并整理即得积分环节的传递函数：

$$G(s) = \frac{Y(s)}{X(s)} = \frac{k}{s} \tag{5.13}$$

式中，k 为积分常数。

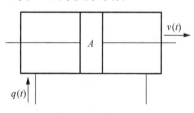

图 5.8 液压比例环节

例 5.3-1 某液压缸示意图如图 5.8 所示，活塞杆横截面积为 A，液压缸的输入流量为 $q(t)$，输出为活塞杆的速度 $v(t)$。试求该系统的传递函数。

解： 根据液压缸工作原理可得活塞的速度为

$$v(t) = \frac{q(t)}{A}$$

拉氏变换后整理为输出比输入的形式，可得该液压缸的传递函数为

$$G(s) = \frac{V(s)}{Q(s)} = \frac{1}{A}$$

显然，当活塞杆的速度为输出、液压缸的流入流量为输入时，该液压缸为比例环节，比例系数为 $1/A$。

例 5.3-2　某液压缸示意图如图 5.9 所示，活塞杆横截面积为 A，液压缸的输入流量为 $q(t)$，输出为活塞杆的位移 $x(t)$。试求该系统的传递函数。

解： 根据液压缸工作原理可得活塞的速度为

$$v(t) = \frac{q(t)}{A} = \frac{\mathrm{d}x(t)}{\mathrm{d}t}$$

拉氏变换后整理为输出比输入的形式，可得该液压缸的传递函数为

$$G(s) = \frac{X(s)}{Q(s)} = \frac{1}{As}$$

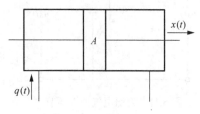

图 5.9　液压积分环节

显然，当活塞杆的位移为输出、液压缸的流入流量为输入时，该液压缸为积分环节，积分系数为 $1/A$。

对于上述两道例题，当输出为速度、输入为流量时，该液压缸系统是比例环节，但当输出为位移、输入为流量时，该液压缸系统却是积分环节。这看起来非常简单，但我们要善于从简单之中寻找启发：描述系统的传递函数取决于系统的输入和输出。

例 5.4　某无源电气环节如图 5.10 所示。输入为电流 $i(t)$，输出为电压 $u_C(t)$。试求此无源电气环节的传递函数。

解： 根据欧姆定律可得该无源电气环节的微分方程为

$$u_c(t) = \frac{1}{C} \int i(t)\mathrm{d}t$$

拉氏变换后以流过电容器的电流为输入，以电容器两端电压为输出，得传递函数为

$$G(s) = \frac{U_c(s)}{I(s)} = \frac{1}{Cs}$$

显然，该环节为电气积分环节，积分系数为 $1/C$。

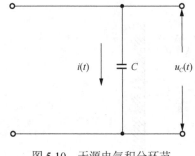

图 5.10　无源电气积分环节

5.3.3　惯性环节

惯性环节的微分方程为

$$T\frac{\mathrm{d}y(t)}{\mathrm{d}t} + y(t) = Kx(t)$$

对其两端进行拉氏变换：

$$TsY(s) + Y(s) = KX(s)$$

整理后即得惯性环节的传递函数为

$$G(s) = \frac{Y(s)}{X(s)} = \frac{K}{Ts+1} \tag{5.14}$$

式中，T 为惯性环节的时间常数；K 为惯性环节的增益，例如，对于弹簧来说可为弹簧系数，对于活塞来说可为活塞杆的横截面积。

例5.5 某无源电气环节如图 5.11 所示。输入电压为 $u_i(t)$，输出电压为 $u_o(t)$。C 和 R 分别为电容系数和电阻系数，电流 $i(t)$ 为中间变量。试求此无源电路的传递函数。

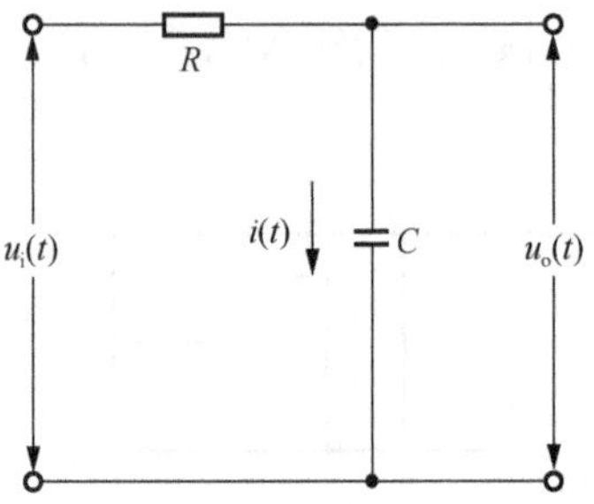

解： 根据基尔霍夫定律和欧姆定律建立该无源电路的微分方程组如下：

$$\begin{cases} u_i(t) = i(t)R + u_o(t) \\ u_o(t) = \dfrac{1}{C}\int i(t)\mathrm{d}t \end{cases}$$

对于中间变量电流 $i(t)$，其不应存在于系统的微分方程或传递函数中，因此根据上述方程组消去中间变量电流 $i(t)$ 后可得该无源电路的微分方程为

$$u_i(t) = RC\frac{\mathrm{d}u_o(t)}{\mathrm{d}t} + u_o(t)$$

图 5.11　无源电气惯性环节

拉氏变换后得到以 $U_i(s)$ 为输入、$U_o(s)$ 为输出的系统的传递函数为

$$G(s) = \frac{U_o(s)}{U_i(s)} = \frac{1}{RCs+1} = \frac{1}{Ts+1}$$

式中，T 为时间常数，其值为 RC。与式(5.14)对照可知，该 RC 无源电气系统为惯性环节。

例5.6 某液压负载系统如图 5.12 所示，其中 K 和 B 分别为弹簧系数和阻尼系数，输入 $p(t)$ 为入口油压，输出 $x(t)$ 为活塞杆位移，A 为活塞杆横截面积。试求此液压负载系统的传递函数。

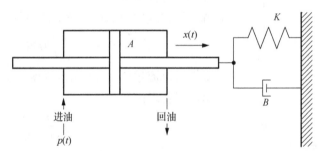

图 5.12　液压惯性环节

解： 由液压缸的工作原理可得活塞杆对负载端的作用力为

$$F(t) = Ap(t)$$

该作用力与负载端的阻尼力和弹簧力相互平衡：

$$F(t) = B\frac{\mathrm{d}x(t)}{\mathrm{d}t} + Kx(t)$$

联立上述两个方程消去中间变量 $F(t)$ 可得该系统的微分方程为

$$B\frac{\mathrm{d}x(t)}{\mathrm{d}t} + Kx(t) = Ap(t)$$

对上述方程进行拉氏变换可得以活塞杆位移为输出、入口油压为输入的传递函数：

$$G(s) = \frac{X(s)}{P(s)} = \frac{A}{Bs + K} = \frac{\dfrac{A}{K}}{\dfrac{B}{K} \cdot s + 1}$$

与式(5.14)对照可知，该系统为惯性环节。

5.3.4　微分环节

常用的微分环节主要有理想微分环节、一阶微分环节和二阶微分环节，其微分方程分别为

$$y(t) = T\frac{\mathrm{d}x(t)}{\mathrm{d}t}$$

$$y(t) = T\frac{\mathrm{d}x(t)}{\mathrm{d}t} + x(t)$$

$$y(t) = T^2\frac{\mathrm{d}^2x(t)}{\mathrm{d}t^2} + 2\zeta T\frac{\mathrm{d}x(t)}{\mathrm{d}t} + x(t)$$

拉氏变换后可得传递函数分别为

$$G(s) = \frac{Y(s)}{X(s)} = Ts \tag{5.15}$$

$$G(s) = \frac{Y(s)}{X(s)} = Ts + 1 \tag{5.16}$$

$$G(s) = \frac{Y(s)}{X(s)} = T^2s^2 + 2\zeta Ts + 1 \tag{5.17}$$

式中，T 为时间常数；ζ 为阻尼比。这里需要说明一个特殊情况，对于式(5.17)来说，若 $T^2s^2 + 2\zeta Ts + 1 = 0$ 有两个实根，则式(5.17)对应的系统就不是二阶微分环节，而是由两个一阶微分环节串联组成的系统。

工程师的非技术能力(2)

例 5.7　某无源电气系统如图 5.13 所示。输入电压为 $u_{\mathrm{i}}(t)$，输出电压为 $u_{\mathrm{o}}(t)$。C 和 R 分别为电容系数和电阻系数，电流 $i(t)$ 为中间变量。试求此电气系统的传递函数。

解： 根据基尔霍夫定律和欧姆定律建立微分方程：

$$\begin{cases} u_{\mathrm{i}}(t) = \dfrac{1}{C}\int i(t)\mathrm{d}t + u_{\mathrm{o}}(t) \\ i(t) = u_{\mathrm{o}}(t)/R \end{cases}$$

消去中间变量 $i(t)$ 可得该电气系统的微分方程为

$$u_{\mathrm{i}}(t) = \frac{1}{C}\int \frac{u_{\mathrm{o}}(t)}{R}\mathrm{d}t + u_{\mathrm{o}}(t)$$

拉氏变换后得到以 $U_{\mathrm{i}}(s)$ 为输入、$U_{\mathrm{o}}(s)$ 为输出的系统的传递函数为

$$G(s) = \frac{U_{\mathrm{o}}(s)}{U_{\mathrm{i}}(s)} = \frac{RCs}{RCs + 1} = \frac{Ts}{Ts + 1}$$

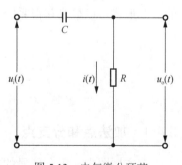

图 5.13　电气微分环节

由于电容的单位法拉太大，普通电子电路中一般以微法(μF, microfarad)和皮法(pF, picofarad)为单位，所以 RC 是一个很小的量。因此，上式的分母近似等于 1，即上式可被近似为

$$G(s) = \frac{U_o(s)}{U_i(s)} \approx Ts$$

此时，该无源电气系统为理想微分环节。

5.3.5　振荡环节

振荡环节的微分方程为

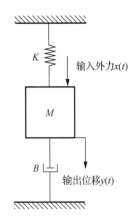

图 5.14　质量-弹簧-阻尼机械平移系统

$$T^2 \frac{d^2 y(t)}{dt^2} + 2\zeta T \frac{dy(t)}{dt} + y(t) = Kx(t)$$

对上述方程进行拉氏变换，可得振荡环节的传递函数为

$$G(s) = \frac{Y(s)}{X(s)} = \frac{K}{T^2 s^2 + 2\zeta Ts + 1} \qquad (5.18)$$

以某质量-弹簧-阻尼机械平移系统为例，如图 5.14 所示，其微分方程为

$$M \frac{d^2 y(t)}{dt^2} + B \frac{dy(t)}{dt} + Ky(t) = x(t)$$

对上式进行拉氏变换后可得以质量块位移为输出、以作用在质量块上的外力为输入的传递函数为

$$G(s) = \frac{Y(s)}{X(s)} = \frac{1}{Ms^2 + Bs + K}$$

与式(5.18)对比可知，该系统为二阶振荡环节。

5.4　传递函数方框图的化简

系统的传递函数方框图由不同的方框构成，每个方框都有指向其的箭头和由其出来的箭头。方框内标注传递函数，即信号传输后发生什么变化。如图 5.15 所示的放大器，其增益为 200，当输入一个 1mV 的信号时，该信号通过放大器后，将在其输出端产生 200mV 的放大信号。任何系统均可用不同的方框按照系统的工作原理组合成方框图，且可由方框图获得系统的传递函数，这就涉及方框图化简，即将各方框按照某种规则进行简化，获得如图 5.3 所示的简单形式，以最终获得系统的传递函数。

图 5.15　放大器的传递函数方框图

5.4.1　加法点和分支点

在方框图中，多个信号的求和运算可由加法点来表示，如图 5.16(a) 和图 5.16(b) 所示。有些信号要在多个方向上流动，如图 5.16(c) 所示，信号 A 经过结点后沿着两个方向进行了流动，该结点即为分支点。信号经过分支点仅发生了方向改变，其值并没有改变，因此可将分支点看作一个没有求和运算的结点或连接。

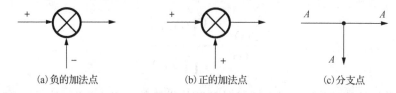

| (a) 负的加法点 | (b) 正的加法点 | (c) 分支点 |

图 5.16　加法点和分支点

5.4.2　若干重要概念

参考图 5.17，为了便于后续章节的学习和理解，本节给出一些较为重要的概念和描述。

(1) 前向通路。

信号从输入到输出不重复经过的路径为前向
通路。

(2) 前向通路传递函数。

前向通路中所有环节的乘积为前向通路传递
函数：

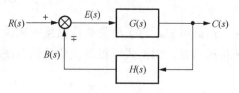

图 5.17　闭环传递函数方框图

$$G(s) = \prod_{i=1}^{n} G_i(s) \tag{5.19}$$

(3) 反馈通路。

信号从输出到输入不重复经过的路径为反馈通路。

(4) 反馈通路传递函数。

反馈通路中所有环节的乘积为反馈通路传递函数：

$$H(s) = \prod_{j=1}^{m} H_j(s) \tag{5.20}$$

(5) 系统的开环传递函数。

主反馈信号 $B(s)$ 与偏差信号 $E(s)$ 的比值为系统的开环传递函数：

$$G_{open}(s) = \frac{B(s)}{E(s)}$$

由图 5.17 可知

$$\frac{Y(s)}{X(s)} = \frac{E(s) \cdot G(s)}{E(s) \pm B(s)} = \frac{G(s)}{1 \pm \dfrac{B(s)}{E(s)}} = \frac{G(s)}{1 \pm \dfrac{Y(s)H(s)}{E(s)}} = \frac{G(s)}{1 \pm \dfrac{E(s) \cdot G(s)H(s)}{E(s)}} = \frac{G(s)}{1 \pm G(s)H(s)}$$

因此系统的开环传递函数为

$$G_{open}(s) = \frac{B(s)}{E(s)} = G(s)H(s) = \prod_{i=1}^{n} G_i(s) \prod_{j=1}^{m} H_j(s) \tag{5.21}$$

(6) 系统的闭环传递函数。

将式(5.19)和式(5.20)代入 $Y(s)/X(s)$ 的表达式，可得系统的闭环传递函数：

$$\frac{Y(s)}{X(s)} = \frac{\displaystyle\prod_{i=1}^{n} G_i(s)}{1 \pm \displaystyle\prod_{i=1}^{n} G_i(s) \prod_{j=1}^{m} H_j(s)} \tag{5.22}$$

当图 5.17 中的 $H(s) = 1$ 时，该系统称为单位反馈系统，其闭环传递函数为

$$\frac{Y(s)}{X(s)} = \frac{\prod_{i=1}^{n} G_i(s)}{1 \pm \prod_{i=1}^{n} G_i(s)}$$

下面讨论系统的闭环传递函数和系统的开环传递函数之间的关系。如图 5.17 所示，该系统的闭环传递函数为

$$\Phi(s) = \frac{G(s)}{1 \pm G(s)H(s)}$$

假设该系统为单位负反馈系统，则上式为

$$\Phi(s) = \frac{G(s)}{1 + G(s)}$$

由此可知，对于单位负反馈系统来说，分母中的 $G(s)$ 实际上是 $G(s)H(s)$，即系统的开环传递函数。由上式可得单位负反馈系统的开环传递函数为

$$G(s) = \frac{\Phi(s)}{1 - \Phi(s)}$$

因此，对于单位负反馈系统来说，可借助其闭环传递函数与开环传递函数的关系，求得系统的开环传递函数。

5.4.3　加法点的移动

借助传递函数方框图化简的方法可获得系统的传递函数，进而分析系统的动态特性。如表 5.1 所示，前两种化简方式已经在 5.2.4 节和 5.2.5 节中阐述过了，本节及 5.4.4 节和 5.4.5 节重点讲解通过移动加法点、分支点以及合并反馈回路对框图进行化简。

表 5.1　传递函数方框图的化简

规则	方式	原方框图	等效方框图
1	串联连接	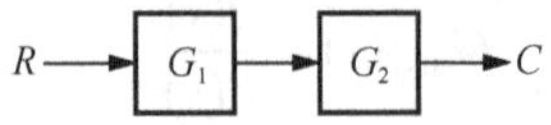	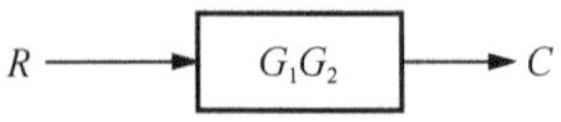
2	并联连接	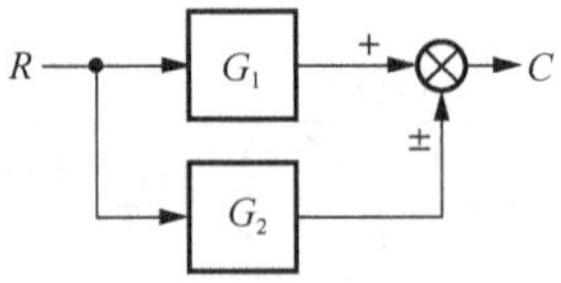	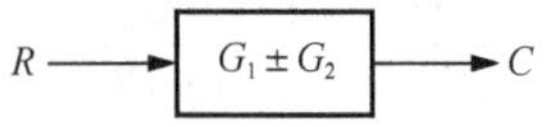
3	反馈连接	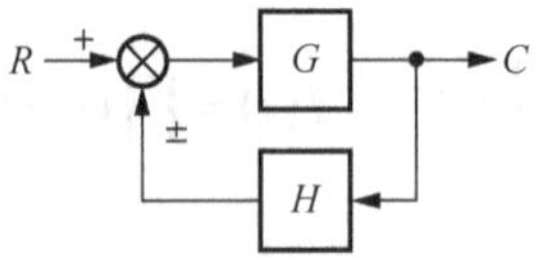	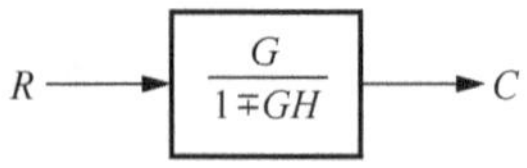
4	加法点前移	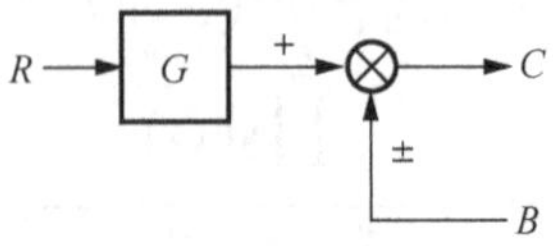	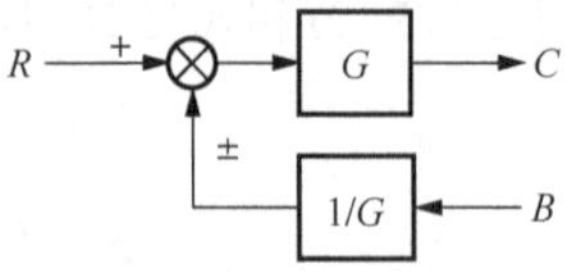

续表

规则	方式	原方框图	等效方框图
5	加法点后移		
6	分支点前移		
7	分支点后移		

在方框图化简的过程中，如果想将某条通路越过某个环节进行前移或者后移，就需要考虑跨接环节对被移动通路的影响。在传递函数方框图里，迎着信号流动的方向为前，顺着信号流动的方向为后，下面以加法点后移为例。如图 5.18(a) 的左侧所示，输出端信号值 C 为

$$C = (R \pm B)G = RG \pm BG$$

图 5.18(a) 为加法点越过环节 G 的后移。若想在加法点后移之后输出信号值不变，即加法点后移之后输出信号值 $C=RG \pm BG$，即需要在后移通路里引入跨接环节，如图 5.18(a) 右侧所示，此时输出端信号值 C 为

$$C = RG \pm BG$$

因此可知，图 5.18(a) 左右两图为等效方框图，即在传递函数方框图化简过程中，加法点后移时形成的等效方框图为：在移动的通路里引入跨接环节，如表 5.1 规则 5 所示。

按照上述思路，可获得加法点前移的化简规则或等效方框图，如图 5.18(b) 所示，即在传递函数方框图化简过程中，加法点前移时形成的等效方框图为：在移动的通路里引入跨接环节的倒数，如表 5.1 规则 4 所示。

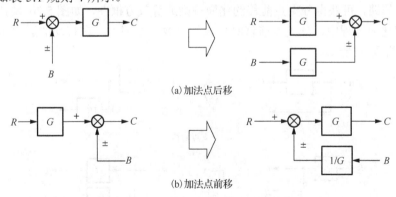

(a) 加法点后移

(b) 加法点前移

图 5.18　加法点前移和后移的等效方框图

例 5.8　化简图 5.19(a) 所示的方框图，使其仅具有一个加法点。

解：将右侧加法点越过积分器前移，移动通路中增加跨接积分器的倒数，如图 5.19(b)

所示。由图 5.19(b)可知，此时前向通路中的两个加法点之间没有任何环节，所以这两个加法点可合并为一个加法点，如图 5.19(c)所示。

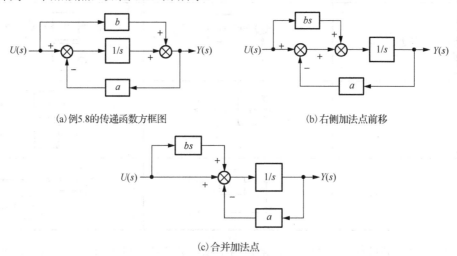

(a)例5.8的传递函数方框图   (b)右侧加法点前移

(c)合并加法点

图 5.19   例 5.8 的传递函数方框图化简过程

5.4.4   分支点的移动

如图 5.20(a)的左侧所示，输出端信号值 B 为

$$B = R$$

图 5.20(a)为分支点越过环节 G 的后移。若想在分支点后移之后输出端信号值不变，即分支点后移之后输出端信号值 $B=R$，需要在后移通路里引入跨接环节的倒数，如图 5.20(a)右侧所示，此时输出端信号值 B 为

$$B = R \cdot G \cdot \frac{1}{G} = R$$

因此可知，图 5.20(a)左右两图为等效方框图，即在传递函数方框图化简过程中，分支点后移时形成的等效方框图为：在移动的通路里引入跨接环节的倒数，如表 5.1 规则 7 所示。

按照上述思路，可获得分支点前移的化简规则或等效方框图，如图 5.20(b)所示，即在传递函数方框图化简过程中，分支点前移时形成的等效方框图为：在移动的通路里引入跨接环节，如表 5.1 规则 6 所示。

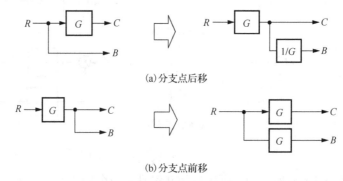

(a)分支点后移

(b)分支点前移

图 5.20   分支点前移和后移的等效方框图

例 5.9　化简图 5.21(a)所示的方框图，使其仅具有一个反馈通路。

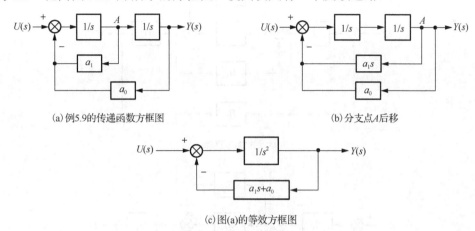

(a) 例5.9的传递函数方框图　　　　　　　　　　(b) 分支点A后移

(c) 图(a)的等效方框图

图 5.21　例 5.9 的传递函数方框图化简过程

解： 从系统的输出变量到输入变量的反馈通路为主反馈通路，其他反馈通路为内反馈通路。首先，将内反馈通路的分支点 A 跨过积分器后移，因此需要在跨接通路中增加积分器的倒数，如图 5.21(b)所示。

随后可将图 5.21(b)中前向通路的两个串联积分器合并，得到前向通路传递函数 $1/s^2$，同时将两个以并联方式存在的反馈通路合并为主反馈通路 $a_1 s + a_0$，最终得到仅有一条反馈通路的等效方框图，如图 5.21(c)所示。

5.4.5　反馈回路的化简

由图 5.17 可知，偏差信号 $E(s)$ 和主反馈信号 $B(s)$ 为

$$\begin{cases} E(s) = R(s) \mp B(s) \\ B(s) = H(s) \cdot C(s) \end{cases}$$

因此可得偏差信号为

$$E(s) = R(s) \mp B(s) = R(s) \mp H(s) \cdot C(s) \tag{5.23}$$

又因为输出信号为

$$C(s) = G(s) \cdot E(s) \tag{5.24}$$

所以将式(5.23)代入式(5.24)可得系统的输出信号为

$$C(s) = G(s) \cdot E(s) = G(s) \cdot [R(s) \mp H(s) \cdot C(s)]$$

化简后可得系统的闭环传递函数为

$$\frac{C(s)}{R(s)} = \frac{G(s)}{1 \pm G(s)H(s)}$$

例 5.10　使用方框图化简的方法求图 5.22(a)所示系统的闭环传递函数。

解： (1)第 1 次化简。

如图 5.22(b)所示，将虚线框中的两个并联环节进行合并，可得传递函数为

$$G_{R_1} = G_2 + G_3$$

(2)第 2 次化简。

如图 5.22(c)所示，化简虚线框中的内反馈通路，可得相应的传递函数为

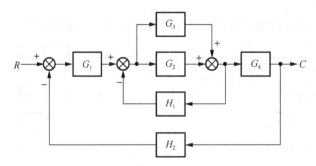

(a)传递函数方框图

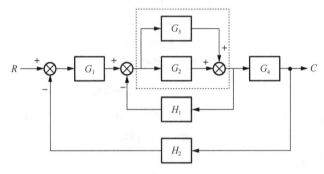

(b)第1次化简

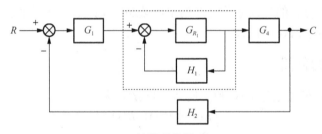

(c)第2次化简

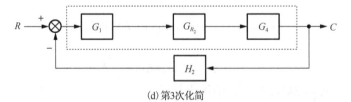

(d)第3次化简

图 5.22　例 5.10 的传递函数方框图化简过程

$$G_{R_2} = \frac{G_{R_1}}{1 + G_{R_1} H_1}$$

(3)第 3 次化简。

如图 5.22(d)所示，虚线框中的前向通路传递函数为

$$G = G_1 G_{R_2} G_4$$

因此由图 5.22(d)可得

$$\frac{C}{R} = \frac{G}{1 + G H_2}$$

将化简结果依次代入上式后整理得到系统的闭环传递函数为

$$\frac{C}{R} = \frac{G_1(G_2 + G_3)G_4}{1 + H_1(G_2 + G_3) + G_1 G_4 H_2(G_2 + G_3)}$$

5.4.6　多输入情况

在某些工程实际情况下，一个反馈控制系统可能会有若干个输入。经典控制理论下考虑的系统通常可用线性微分方程描述，因此可使用叠加的方法确定多输入情况下系统的输出，主要步骤如下：

(1)保留一个输入信号，令其他输入信号为零。

(2)通过方框图化简的方法求单一输入下系统的输出。

(3)对所有输入信号重复上述步骤。

(4)对不同输入下得到的不同输出进行线性叠加，即得系统的总输出。

例 5.11　求如图 5.23(a)所示系统的输出 C。

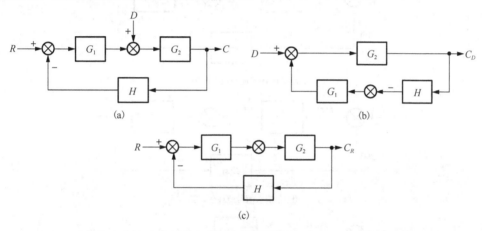

图 5.23　具有双输入的线性系统

解：令输入 R 为零，系统方框图由图 5.23(a)化简为图(b)，此时系统的闭环传递函数为

$$\frac{C_D}{D} = \frac{G_2}{1 + G_1 G_2 H} \tag{5.25a}$$

则系统的输出为

$$C_D = \frac{G_2}{1 + G_1 G_2 H} D \tag{5.25b}$$

令输入 D 为零，系统方框图由图 5.23(a)化简为图(c)，此时系统的闭环传递函数为

$$\frac{C_R}{R} = \frac{G_1 G_2}{1 + G_1 G_2 H} \tag{5.25c}$$

则系统的输出为

$$C_R = \frac{G_1 G_2}{1 + G_1 G_2 H} R \tag{5.25d}$$

联立式(5.25b)和式(5.25d)，可得该系统在双输入作用下的总输出为

$$C = \frac{G_1 G_2}{1 + G_1 G_2 H} R + \frac{G_2}{1 + G_1 G_2 H} D \tag{5.25e}$$

控制理论与
人生哲理(1)

一般情况下，输入 D 为干扰信号，因此，式(5.25a)表示干扰与输出之间的关系，称为干扰传递函数，而式(5.25c)称为输入输出传递函数。很明显，两个传递函数具有相同的分母，即相同的特征方程。

例 5.12 某闭环传递函数方框图如图 5.24(a)所示，试求：

(1)输入为 $X(s)$，输出分别为 $Y(s)$、$Y_1(s)$、$B(s)$ 和 $E(s)$ 的传递函数；

(2)输入为 $N(s)$，输出分别为 $Y(s)$、$Y_1(s)$、$B(s)$ 和 $E(s)$ 的传递函数。

解：(1)令输入信号 $N(s)$ 等于零，则传递函数方框图由图 5.24(a)化简为图(b)。

① 由图 5.24(b)可知，当输入为 $X(s)$，输出为 $Y(s)$ 时，系统的传递函数为

$$G_Y(s) = \frac{Y(s)}{X(s)} = \frac{G_1(s)G_2(s)}{1+G_1(s)G_2(s)H(s)}$$

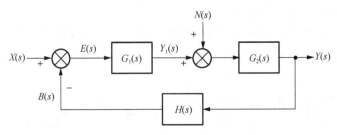

(a)某闭环传递函数方框图

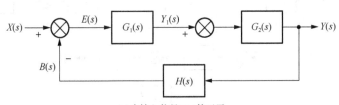

(b)令输入信号$N(s)$等于零

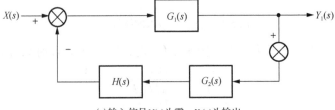

(c)输入信号$N(s)$为零，$Y_1(s)$为输出

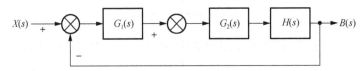

(d)输入信号$N(s)$为零，$B(s)$为输出

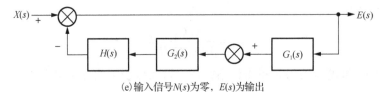

(e)输入信号$N(s)$为零，$E(s)$为输出

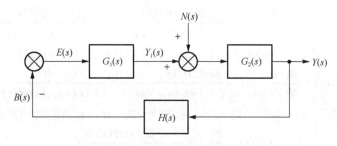

(f) 令输入信号 $X(s)$ 等于零

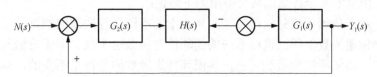

(g) 输入信号 $X(s)$ 为零，$Y_1(s)$ 为输出

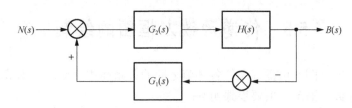

(h) 输入信号 $X(s)$ 为零，$B(s)$ 为输出

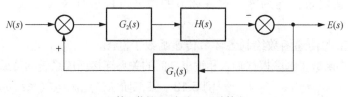

(i) 输入信号 $X(s)$ 为零，$E(s)$ 为输出

图 5.24　例 5.12 的传递函数方框图化简过程

② 由图 5.24(c) 可知，当输入为 $X(s)$，输出为 $Y_1(s)$ 时，系统的传递函数为

$$G_{Y_1}(s) = \frac{Y_1(s)}{X(s)} = \frac{G_1(s)}{1 + G_1(s)G_2(s)H(s)}$$

③ 由图 5.24(d) 可知，当输入为 $X(s)$，输出为 $B(s)$ 时，系统的传递函数为

$$G_B(s) = \frac{B(s)}{X(s)} = \frac{G_1(s)G_2(s)H(s)}{1 + G_1(s)G_2(s)H(s)}$$

④ 由图 5.24(e) 可知，当输入为 $X(s)$，输出为 $E(s)$ 时，系统的传递函数为

$$G_E(s) = \frac{E(s)}{X(s)} = \frac{1}{1 + G_1(s)G_2(s)H(s)}$$

(2) 令输入 $X(s)$ 等于零，则传递函数方框图由图 5.24(a) 化简为图 (f)。

① 由图 5.24(f) 可知，当输入为 $N(s)$，输出为 $Y(s)$ 的传递函数为

$$G_Y(s) = \frac{Y(s)}{N(s)} = \frac{G_2(s)}{1 - G_1(s)G_2(s) \cdot [-H(s)]} = \frac{G_2(s)}{1 + G_1(s)G_2(s)H(s)}$$

② 由图 5.24(g) 可知，当输入为 $N(s)$，输出为 $Y_1(s)$ 时，系统的传递函数为

$$G_{Y_1}(s) = \frac{Y_1(s)}{N(s)} = \frac{-G_1(s)G_2(s)H(s)}{1 - G_2(s) \cdot [-H(s)] \cdot G_1(s)} = \frac{-G_1(s)G_2(s)H(s)}{1 + G_1(s)G_2(s)H(s)}$$

③ 由图 5.24(h) 可知，当输入为 $N(s)$，输出为 $B(s)$ 时，系统的传递函数为

$$G_B(s) = \frac{B(s)}{N(s)} = \frac{G_2(s)H(s)}{1 - G_2(s) \cdot [-H(s)] \cdot G_1(s)} = \frac{G_2(s)H(s)}{1 + G_1(s)G_2(s)H(s)}$$

④ 由图 5.24(i) 可知，当输入为 $N(s)$，输出为 $E(s)$ 时，系统的传递函数为

$$G_E(s) = \frac{E(s)}{N(s)} = \frac{-G_2(s)H(s)}{1 + G_1(s)G_2(s)H(s)}$$

控制理论与
人生哲理(2)

由以上 8 个传递函数可得出如下结论：

对于某闭环控制系统，输入和输出的不同会导致前向通路传递函数以及反馈通路传递函数不同，进而系统的闭环传递函数也不同。但无论输入怎样变化，对于同一个闭环控制系统而言，其闭环传递函数的分母是不变的，即闭环传递函数的分母反映了系统的固有特性。

5.5 传递函数方框图的绘制

根据传递函数方框图，可探究系统各环节之间的关系和相互作用。本节将根据系统的原理图绘制其传递函数方框图，主要步骤如下：

(1) 根据系统的原理图写出系统各环节的微分方程。

(2) 假设所有初始条件均为零，对各环节的微分方程进行拉氏变换，得到各环节的传递函数。

(3) 根据各环节的传递函数绘制各环节传递函数子框图。

(4) 将所有传递函数子框图根据输入和输出之间的关系连接而成系统的传递函数方框图。

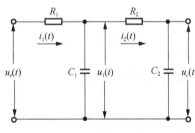

图 5.25 某二阶 RC 无源电气系统

例 5.13 某二阶 RC 无源电气系统如图 5.25 所示，试绘制其传递函数方框图。其中，$u_r(t)$ 为输入信号，$u_c(t)$ 为输出信号，$u_1(t)$ 为电容 C_1 两端的电压，R_1 和 R_2 是电阻，C_1 和 C_2 是电容，$i_1(t)$ 和 $i_2(t)$ 是电路中的电流。所有初始条件均为零。

解：按照该电气系统的工作原理，对各环节依次进行分析。

对于电阻 R_1，其两端之间的电压为输入信号，通过它的电流为输出信号。根据欧姆定律可得

$$\frac{u_r(t) - u_1(t)}{i_1(t)} = R_1$$

对上式进行拉氏变换，并根据电阻 R_1 的输入与输出的关系对其进行整理，可得该环节传递函数为

$$\frac{I_1(s)}{U_r(s) - U_1(s)} = \frac{1}{R_1}$$

显而易见，该环节为比例环节，其传递函数子框图如图 5.26(a) 所示。

对于电容 C_1，通过它的电流为输入信号，其两端的电压为输出信号。根据欧姆定律可得

$$u_1(t) = \frac{1}{C_1} \int \left[i_1(t) - i_2(t) \right] \mathrm{d}t$$

对上式进行拉氏变换，并根据电容 C_1 的输入与输出的关系对其进行整理，可得该环节传递函数为

$$\frac{U_1(s)}{I_1(s) - I_2(s)} = \frac{1}{C_1 s}$$

显而易见，该环节为积分环节，其传递函数子框图如图 5.26(b) 所示。

对于电阻 R_2，其两端之间的电压为输入信号，通过它的电流为输出信号。根据欧姆定律可得

$$\frac{u_1(t) - u_c(t)}{i_2(t)} = R_2$$

对上式进行拉氏变换，并根据电阻 R_2 的输入与输出的关系对其进行整理，可得该环节传递函数为

$$\frac{I_2(s)}{U_1(s) - U_c(s)} = \frac{1}{R_2}$$

显而易见，该环节为比例环节，其传递函数子框图如图 5.26(c) 所示。

对于电容 C_2，通过它的电流为输入信号，其两端的电压为输出信号。根据欧姆定律可得

$$u_c(t) = \frac{1}{C_2} \int i_2(t) \mathrm{d}t$$

对上式进行拉氏变换，并根据电容 C_2 的输入与输出的关系对其进行整理，可得该环节传递函数为

$$\frac{U_c(s)}{I_2(s)} = \frac{1}{C_2 s}$$

显而易见，该环节为积分环节，其传递函数子框图如图 5.26(d) 所示。

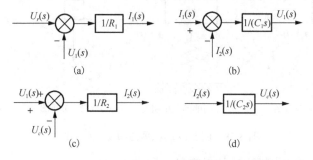

图 5.26　例 5.13 中各环节的传递函数子框图

最后，根据上述 4 个环节的传递函数子框图，考虑整个系统的输入和输出以及各个环节的输入和输出，可得系统的传递函数方框图，如图 5.27 所示。

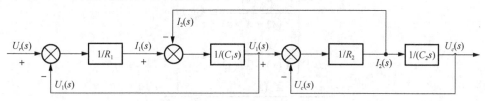

图 5.27　例 5.13 的传递函数方框图

例 5.14　某机械平移系统原理图如图 5.28(a) 所示，力 $f_i(t)$ 为输入变量，位移 $x_o(t)$ 为输出变量。m_1 和 m_2 为质量块的质量。K_1、K_2 和 C 分别为 2 个弹簧和阻尼器的系数。忽略质量块的重力，且所有初始条件均为零。试绘制其传递函数方框图。

解： 对该系统进行受力分析可知：对于弹簧 K_1 和 C 而言，仅知道一端位移，即质量块 m_2 的位移是不够的，需要知道两端的位移，也就是说，需要引入质量块 m_1 的位移。因此，首先引入中间变量 $x(t)$，即质量块 m_1 的位移，如图 5.28(b) 所示。

然后，对系统进行受力分析，尤其是对质量块 m_1 和质量块 m_2 分别进行受力分析，如图 5.28(c) 和 (d) 所示。列写每个环节的微分方程，即质量块 m_1、弹簧 K_1、阻尼器 C、质量块 m_2 和弹簧 K_2 的微分方程：

$$m_1 \frac{\mathrm{d}^2 x(t)}{\mathrm{d}t^2} = f_i(t) - f_C(t) - f_{K_1}(t)$$

$$\begin{cases} f_{K_1}(t) = K_1[x(t) - x_o(t)] \\ f_C(t) = C\left[\dfrac{\mathrm{d}x(t)}{\mathrm{d}t} - \dfrac{\mathrm{d}x_o(t)}{\mathrm{d}t}\right] \end{cases}$$

$$m_2 \frac{\mathrm{d}^2 x_o(t)}{\mathrm{d}t^2} = f_{K_1}(t) + f_C(t) - f_{K_2}(t)$$

$$f_{K_2}(t) = K_2 x_o(t)$$

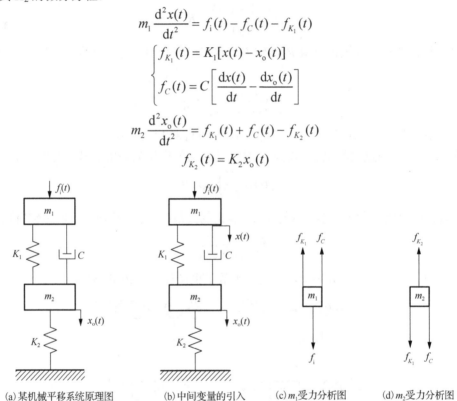

(a) 某机械平移系统原理图　　(b) 中间变量的引入　　(c) m_1 受力分析图　　(d) m_2 受力分析图

图 5.28　例 5.14 的原理图和受力分析图

依次对上述 5 个微分方程进行拉氏变换：

$$\frac{X(s)}{F_i(s) - F_C(s) - F_{K_1}(s)} = \frac{1}{m_1 s^2}$$

$$\begin{cases} \dfrac{F_{K_1}(s)}{X(s) - X_o(s)} = K_1 \\ \dfrac{F_C(s)}{X(s) - X_o(s)} = Cs \end{cases}$$

$$\frac{X_o(s)}{F_{K_1}(s) + F_C(s) - F_{K_2}(s)} = \frac{1}{m_2 s^2}$$

$$\frac{F_{K_2}(s)}{X_o(s)} = K_2$$

根据上述传递函数绘制每个传递函数子框图，分别如图 5.29(a)、(b)、(c)、(d)所示。最后，考虑整个系统的输入和输出以及各个环节的输入和输出，可得系统的传递函数方框图，如图 5.30 所示。

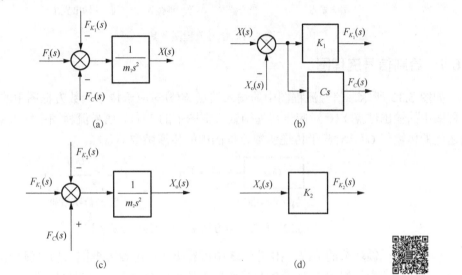

(a)　　　　　　　　　　　　　　　　　　(b)

(c)　　　　　　　　　　　　　　　　　　(d)

工程师必备工程素养(2)

图 5.29　例 5.14 中各环节的传递函数子框图

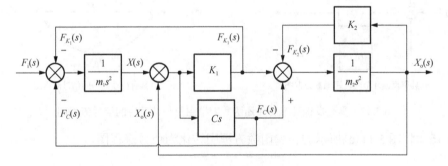

图 5.30　例 5.14 的传递函数方框图

5.6　信号流程图

如图 5.31 所示，信号流程图是传递函数方框图的替代表示方法。所有信号，又称为变量，都由如 x_1、x_2、x_3、x_4、x_5 的结点来表示。结点之间的定向线段代表传输，对应于传递函数方框图中的环节，传输上面标注传输值，对应于传递函数方框图即传递函数，如 a、b、c、d。

输入变量由输入结点表示，输出变量由输出结点表示。从输入结点到输出结点且不重复地通过任何结点的路径，称为前向通路，如图 5.31 中的 $x_1 \to x_2 \to x_3 \to x_4$ 或 $x_5 \to x_3 \to x_4$，其中 x_1 和 x_5 为输入结点，x_4 为输出结点，x_2 和 x_3 为混合结点。封闭的路径称为回路，如 $x_2 \to x_3 \to x_2$。经过回路的所有传递函数的乘积称为回路传输值，对应于传递函数方框图即反馈通路传递函数，如 $b \cdot c$。

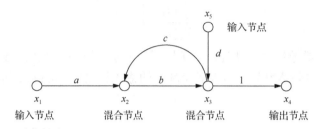

图 5.31　信号流程图及其要素

5.6.1　绘制信号流程图

如图 5.32 所示，信号流程图中的输入结点 $X(s)$ 对应于传递函数方框图中的 $X(s)$，信号流程图中的输出结点 $Y(s)$ 对应于传递函数方框图中的 $Y(s)$，信号流程图中输入结点和输出结点之间的传输值 $G(s)$ 对应于传递函数方框图中的传递函数 $G(s)$。

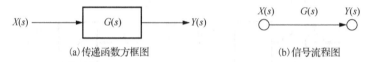

图 5.32　传递函数方框图及对应的信号流程图

对于具有反馈环节的情况，由图 5.33 中可看出传递函数方框图与信号流程图之间的对应关系，其中，信号流程图中 $H(s)$ 的负号对应着传递函数方框图中的负反馈。

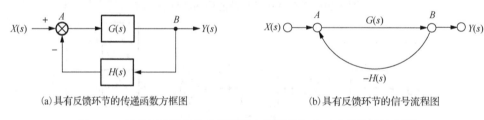

图 5.33　具有反馈环节的传递函数方框图及与其对应的信号流程图

例 5.15　将图 5.34(a) 所示的传递函数方框图转化为信号流程图。

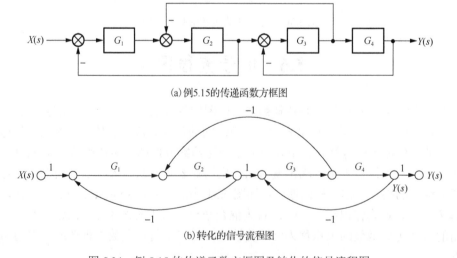

图 5.34　例 5.15 的传递函数方框图及转化的信号流程图

解： 根据前述转化对应关系很容易将图 5.34(a)所示的传递函数方框图转化为图 5.34(b)所对应的信号流程图。

例 5.16　将图 5.35(a)所示的传递函数方框图转化为信号流程图。

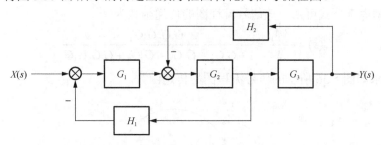

(a)例5.16的传递函数方框图

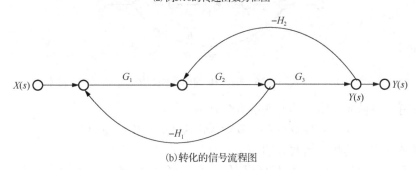

(b)转化的信号流程图

图 5.35　例 5.16 的传递函数方框图及转化的信号流程图

解： 根据前述转化对应关系很容易将图 5.35(a)所示的传递函数方框图转化为图 5.35(b)所对应的信号流程图。

5.6.2　梅森公式

除了通过化简传递函数方框图的方法获得系统的传递函数之外，梅森(Mason)公式也是获得传递函数的有效方法。前者为几何法，后者为代数法。

系统从输入结点到输出结点的传递函数 P 可由梅森公式求得

$$P = \frac{\sum\limits_{k} P_k \cdot \Delta_k}{\Delta} \tag{5.26}$$

式中，k 为所有前向通路的条数；P_k 是第 k 条前向通路的传递函数；$\Delta = 1-$所有回路的传递函数之和+每两个互不接触回路的传递函数乘积之和-每三个互不接触回路的传递函数乘积之和+…；Δ_k 为令与第 k 条前向通路接触的回路的传递函数为零的 Δ 值。

综上，使用梅森公式求系统的传递函数的关键点在于：所有前向通路、所有回路、所有互不接触回路以及回路与前向通路的接触情况。

例 5.17　求如图 5.34(b)所示的信号流程图的传递函数。

解： 对于图 5.34(b)所示信号流程图而言：

(1)有一条前向通路 P_1，其传递函数为 $P_1 = G_1G_2G_3G_4$；

(2)有三条回路 L_1、L_2 和 L_3，其传递函数分别为 $L_1 = -G_1G_2$，$L_2 = -G_3G_4$，$L_3 = -G_2G_3$；

(3)在三条回路中，两两互不接触的回路为 L_1 和 L_2，它们的乘积为 $L_1L_2 = G_1G_2G_3G_4$；

(4)在三条回路中，并没有三三不接触的回路；

(5) 因此

$$\Delta = 1 - (-G_1G_2 - G_3G_4 - G_2G_3) + G_1G_2G_3G_4 = 1 + G_1G_2 + G_3G_4 + G_2G_3 + G_1G_2G_3G_4$$

(6) 三条回路均与前向通路接触，即 $\Delta_1 = 1$。

综上，根据梅森公式可知，该信号流程图的传递函数为

$$G(s) = \frac{P_1\Delta_1}{\Delta} = \frac{G_1G_2G_3G_4}{1 + G_1G_2 + G_3G_4 + G_2G_3 + G_1G_2G_3G_4}$$

例 5.18 求如图 5.36 所示的信号流程图的传递函数。

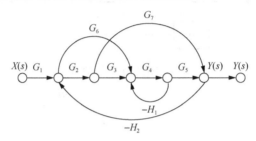

图 5.36　例 5.18 的信号流程图

解：（1）有三条前向通路，其传递函数分别为

$$P_1 = G_1G_2G_3G_4G_5 \qquad P_2 = G_1G_6G_4G_5 \qquad P_3 = G_1G_2G_7$$

（2）有四条回路，其传递函数分别为

$$L_1 = -G_4H_1 \qquad L_2 = -G_2G_3G_4G_5H_2 \qquad L_3 = -G_6G_4G_5H_2 \qquad L_4 = -G_2G_7H_2$$

（3）在三条回路中，两两互不接触的回路为 L_1 和 L_4，并没有三三不接触和四四不接触的回路，因此有

$$\Delta = 1 - (L_1 + L_2 + L_3 + L_4) + L_1L_4$$

（4）四条回路均与前向通路 P_1 接触，即 $\Delta_1 = 1$。

（5）四条回路均与前向通路 P_2 接触，即 $\Delta_2 = 1$。

（6）反馈回路 L_1 不与前向通路 P_3 接触，因此 $\Delta_3 = 1 - L_1$。

综上，根据梅森公式可知，该信号流程图的传递函数为

$$G(s) = \frac{P_1\Delta_1 + P_2\Delta_2 + P_3\Delta_3}{\Delta} = \frac{G_1G_2G_3G_4G_5 + G_1G_6G_4G_5 + G_1G_2G_7(1 + G_4H_1)}{1 + G_4H_1 + G_2G_7H_2 + G_4G_6G_5H_2 + G_2G_3G_4G_5H_2 + G_2G_7G_4H_1H_2}$$

本 章 习 题

5.1 使用方框图化简的方法求如图 5.37 所示系统的闭环传递函数 C/R。

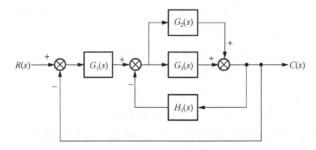

图 5.37　某系统传递函数方框图（2）

5.2　求如图 5.38 所示系统的闭环传递函数 $C(s)/R(s)$。

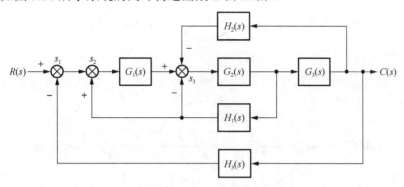

图 5.38　某系统传递函数方框图(3)

5.3　求如图 5.39 所示系统的闭环传递函数。

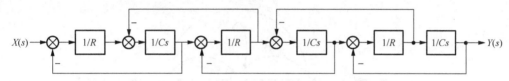

图 5.39　某系统传递函数方框图(4)

5.4　图 5.40 为某反馈控制系统，其中 $N(s)$ 为干扰，$R(s)$ 为输入，$C(s)$ 为输出。

(1)求传递函数 $C(s)/R(s)$。

(2)求传递函数 $C(s)/N(s)$。

(3)若要消除干扰 $N(s)$ 给系统带来的影响，即 $C(s)/N(s)=0$，试求 $G_0(s)$ 的表达式。

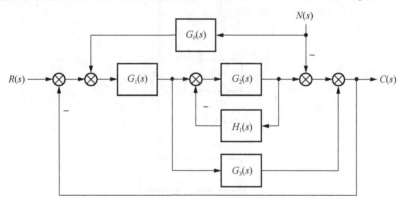

图 5.40　某系统传递函数方框图(5)

5.5　试用梅森公式求图 5.41(a)～(c)所示信号流程图的传递函数。

5.6　某机械平移系统如图 5.42 所示，其中 k_1 和 k_2 为弹簧系数，B 为阻尼系数，m_1 和 m_2 为质量块的质量，$f_1(t)$ 为输入力，$x_2(t)$ 为输出位移(忽略重力)。

(1)分别绘制 m_1 和 m_2 的受力分析图。

(2)求该系统的闭环传递函数。

(3)绘制该系统的传递函数方框图。

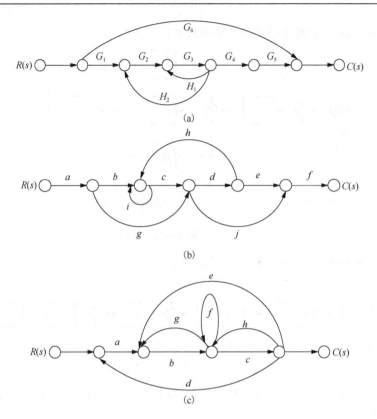

图 5.41　系统信号流程图

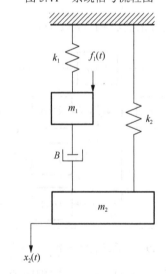

图 5.42　某机械平移系统原理图

第6章 时间响应分析

6.1 概 述

通常所说的系统分析包括系统分析基础和系统分析方法两个部分。其中，系统分析基础包含确定系统的数学模型和传递函数；系统分析方法则包括时间响应分析法和频率响应分析法。在之前的章节，尤其是第 5 章，已经学习了系统分析的基础理论。因此，在第 6 章和第 7 章中，将分别介绍时域和频域响应分析方法。

在典型输入信号下，控制系统的输出 $y(t)$ 在时域内随时间变化，描述该变化的函数称为控制系统的时间响应。实际上控制系统微分方程的解即为该系统的时间响应。完整的时间响应分为瞬态响应和稳态响应。瞬态响应是系统在某种输入信号的作用下，输出变量从初始状态逐渐变为稳态的初始响应阶段。瞬态响应反映了系统的动态特性。稳态响应是系统在某种输入信号的作用下，当时间趋于无穷大时系统的输出状态。稳态响应和系统输出之间的差值反映了系统的响应精度。

图 6.1 为二阶系统在单位阶跃输入信号作用下的时间响应曲线。系统的输出在调整时间 t_s 处达到稳态，从 0 到调整时间 t_s 的响应过程即瞬态响应。如果输出随着时间趋于无穷大而收敛于某个稳态值，则系统是稳定的，而此时系统的输出就是稳态响应 $y(\infty)$；如果曲线 $y(t)$ 等幅振荡或发散，则系统是不稳定的。

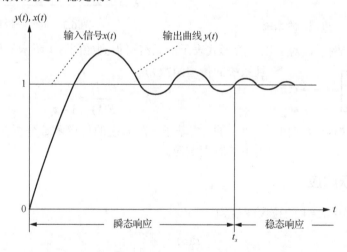

图 6.1　单位阶跃输入信号作用下二阶系统的时间响应曲线

6.2　一阶系统的时间响应

可用一阶微分方程描述的物理系统称为一阶系统。例如，图 6.2 所示的机械一阶系统，令 A 点为受力平衡点，可建立输入变量 x_i 和输出变量 x_o 的微分方程：

$$K(x_{\mathrm{i}} - x_{\mathrm{o}}) = \mu \dot{x}_{\mathrm{o}}$$

整理得

$$\frac{\mu}{K}\dot{x}_{\mathrm{o}} + x_{\mathrm{o}} = x_{\mathrm{i}}$$

对上式进行拉氏变换可得

$$\frac{X_{\mathrm{o}}}{X_{\mathrm{i}}} = \frac{1}{1 + (\mu/K)s} = \frac{1}{1 + \tau s}$$

式中，τ 是该机械一阶系统的时间常数。

如图 6.3 所示的电气一阶系统，根据基尔霍夫定律和欧姆定律可得

$$u_{\mathrm{i}} - u_{\mathrm{o}} = CR\frac{\mathrm{d}u_{\mathrm{o}}}{\mathrm{d}t}$$

对上式进行拉氏变换可得

$$\frac{U_{\mathrm{o}}}{U_{\mathrm{i}}} = \frac{1}{1 + RCs} = \frac{1}{1 + \tau s}$$

式中，τ 是该电气一阶系统的时间常数。

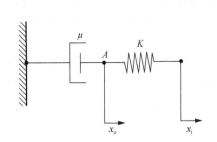
图 6.2　机械一阶系统

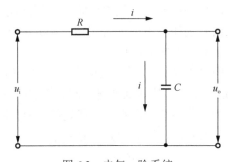
图 6.3　电气一阶系统

通过上述两个例子，对于以一阶形式表示的系统可得到如图 6.4 所示的传递函数方框图，且系统的传递函数为

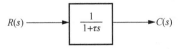

$$\frac{C(s)}{R(s)} = \frac{1}{1 + \tau s} \tag{6.1}$$

图 6.4　一阶系统传递函数方框图

下面，将基于一阶系统的传递函数分析在不同输入信号作用下的时间响应。

6.2.1　单位阶跃响应

单位阶跃信号 $r(t)=1$ 的拉氏变换为

$$R(s) = \frac{1}{s}$$

将上式代入式(6.1)得输出 $C(s)$：

$$C(s) = \frac{1}{s(1 + \tau s)} = \frac{1}{s} - \frac{\tau}{1 + \tau s} = \frac{1}{s} - \frac{1}{s + \dfrac{1}{\tau}}$$

对 $C(s)$ 进行拉氏逆变换即为一阶系统单位阶跃响应：

$$c(t) = 1 - \mathrm{e}^{-t/\tau} \tag{6.2}$$

根据式(6.2)，可得到如图 6.5 所示的一阶系统单位阶跃响应曲线。当 $t = \tau$ 时，系统响应值为 $c(\tau)=0.632$，此时 τ 是该一阶系统的时间常数，它是系统分析的重要指标。当 $t = 3\tau$ 时，可得 $c(3\tau)=0.95$；当 $t = 4\tau$ 时，可得 $c(3\tau)=0.982$。由此可知当 $t \in (3\tau, 4\tau)$ 时，系统的误差在 $(2\%,5\%)$ 以内，通常来说这样的误差大小能满足一般系统的设计要求。因此，3τ 或 4τ 的时间称为一阶系统的调整时间。

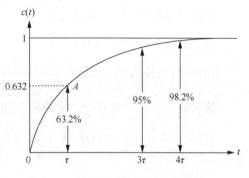

图 6.5　一阶系统单位阶跃响应曲线(一)

6.2.2　单位斜坡响应

单位斜坡信号 $r(t) = t$ 的拉氏变换为

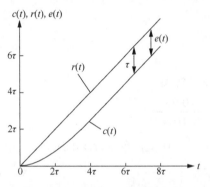

图 6.6　一阶系统单位斜坡响应曲线

$$R(s) = \frac{1}{s^2}$$

将上式代入式(6.1)得输出 $C(s)$：

$$C(s) = \frac{1}{s^2(1+\tau s)} = \frac{1}{s^2} - \frac{\tau}{s} + \frac{\tau}{s+1/\tau}$$

对 $C(s)$ 进行拉氏逆变换即为一阶系统单位斜坡响应：

$$c(t) = t - \tau + \tau e^{-t/\tau} = t - \tau(1 - e^{-t/\tau}) \tag{6.3}$$

根据式(6.3)，可得到如图 6.6 所示的一阶系统单位斜坡响应曲线。当时间趋于无穷大时，误差等于 τ。因此，一阶系统的时间响应跟踪单位斜坡信号的误差为时间常数 τ。

6.2.3　单位脉冲响应

单位脉冲信号 $\sigma(t)$ 的拉氏变换为

$$R(s) = 1$$

将上式代入式(6.1)得输出 $C(s)$：

$$C(s) = \frac{1}{\tau s + 1}$$

对 $C(s)$ 进行拉氏逆变换即为一阶系统单位脉冲响应：

$$c(t) = \frac{1}{\tau} e^{-\frac{t}{\tau}} \tag{6.4}$$

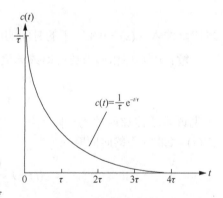

图 6.7　一阶系统单位脉冲响应曲线

根据式(6.4)，可得到如图 6.7 所示的一阶系统单位脉冲响应曲线。

上述三种情况均对应输入信号的幅值为 1，且一阶系统传递函数的分子增益为 1，但工程实际中并非都是这种情况，换句话说，如果输入信号不是单位信号，且一阶系统传递函数的分子是增益 k，而不是 1，即：

(1)阶跃输入信号，$R(s) = \dfrac{r}{s}$；

(2) 斜坡输入信号，$R(s) = \dfrac{r}{s^2}$；

(3) 脉冲输入信号，$R(s) = r$；

(4) 一阶系统传递函数，$\dfrac{C(s)}{R(s)} = \dfrac{k}{1+\tau s}$。

这种情况下的一阶系统时间响应分别如下：

(1) 单位阶跃响应，$c(t) = k \cdot r\left(1 - \mathrm{e}^{-\frac{t}{\tau}}\right)$；

(2) 单位斜坡响应，$c(t) = k \cdot r\left(t - \tau + \tau\mathrm{e}^{-\frac{t}{\tau}}\right)$；

(3) 单位脉冲响应，$c(t) = \dfrac{k \cdot r}{\tau}\mathrm{e}^{-\frac{t}{\tau}}$。

例 6.1-1　某单位负反馈系统的开环传递函数为

$$G(s) = \frac{20}{0.21s+1}$$

求该系统的单位阶跃响应。

解： 由开环传递函数可得该单位负反馈系统的闭环传递函数为

$$\Phi(s) = \frac{Y(s)}{X(s)} = \frac{G(s)}{1+G(s)} = \frac{20}{0.21s+21} = \frac{0.95}{0.01s+1}$$

可见该闭环传递函数为一阶系统，其中，$k = 0.95$，$\tau = 0.01$，$r = 1$。因此，单位阶跃响应为

$$c(t) = k \cdot r \cdot \left(1 - \mathrm{e}^{-\frac{t}{\tau}}\right) = 0.95\left(1 - \mathrm{e}^{-\frac{t}{0.01}}\right)$$

例 6.1-2　某单位负反馈系统的开环传递函数为

$$G(s) = \frac{20}{0.21s+1}$$

求阶跃输入 $X(s) = 0.8/s$ 下的时间响应。

解： 由开环传递函数可得该单位负反馈系统的闭环传递函数为

$$\Phi(s) = \frac{Y(s)}{X(s)} = \frac{G(s)}{1+G(s)} = \frac{20}{0.21s+21} = \frac{0.95}{0.01s+1}$$

可见该闭环传递函数为一阶系统，其中，$k = 0.95$，$\tau = 0.01$，$r = 0.8$。因此，阶跃输入 $X(s) = 0.8/s$ 下的时间响应为

$$c(t) = k \cdot r \cdot \left(1 - \mathrm{e}^{-\frac{t}{\tau}}\right) = 0.76\left(1 - \mathrm{e}^{-\frac{t}{0.01}}\right)$$

上述两道例题说明，对于闭环系统，在分析瞬态响应时，首先要根据开环传递函数得到系统的闭环传递函数。

例 6.2　某控制系统的微分方程为 $2.5\mathrm{d}y(t)/\mathrm{d}t + y(t) = 20x(t)$。求单位脉冲响应 $g(t)$ 和单位阶跃响应 $h(t)$（所有初始条件均为零）。

解： 根据微分方程和初始条件，可得到微分方程的拉氏变换和该系统的闭环传递函数分别为

$$2.5sY(s) + Y(s) = 20X(s)$$

$$\Phi(s) = \frac{Y(s)}{X(s)} = \frac{20}{1 + 2.5s}$$

式中，$k = 20$，$\tau = 2.5$，$r = 1$，则单位脉冲响应为

$$g(t) = \frac{k \cdot r}{\tau} \mathrm{e}^{-\frac{t}{\tau}} = \frac{20 \times 1}{2.5} \cdot \mathrm{e}^{-\frac{t}{2.5}} = 8\mathrm{e}^{-0.4t}$$

单位阶跃响应为

$$h(t) = k \cdot r \cdot \left(1 - \mathrm{e}^{-\frac{t}{\tau}}\right) = 20 \times 1 \times \left(1 - \mathrm{e}^{-\frac{t}{2.5}}\right) = 20(1 - \mathrm{e}^{-0.4t})$$

6.3　二阶系统的时间响应

在如图 6.8 所示的二阶无源电气系统中，输入变量是电压 u_i，输出变量是电容两端的电压 u_o。L、R、C 分别为电感、电阻、电容的系数。i 为电流。根据基尔霍夫定律和欧姆定律可得

$$\begin{cases} u_i = Ri + L\dfrac{\mathrm{d}i}{\mathrm{d}t} + \dfrac{1}{C}\displaystyle\int_0^t i\mathrm{d}t & (6.5a) \\ \\ u_o = \dfrac{1}{C}\displaystyle\int_0^t i\mathrm{d}t & (6.5b) \end{cases}$$

在零初始条件下对式 (6.5a) 和式 (6.5b) 进行拉氏变换可得

$$\begin{cases} \left(Ls + R + \dfrac{1}{Cs}\right)I = U_i & (6.5c) \\ \\ \dfrac{1}{Cs} \cdot I = U_o \Rightarrow I = U_o \cdot Cs & (6.5d) \end{cases}$$

将式 (6.5d) 代入式 (6.5c) 可消掉中间变量 I，进而得到传递函数：

$$\frac{U_o}{U_i} = \frac{1}{LCs^2 + RCs + 1} \tag{6.5e}$$

基于上述分析，给出二阶系统传递函数的一般式为

$$\frac{C}{R} = \frac{\omega_n^2}{s^2 + 2\zeta\omega_n s + \omega_n^2} \tag{6.6}$$

式中，ω_n 是无阻尼自然频率；ζ 是阻尼比，其传递函数方框图如图 6.9 所示。

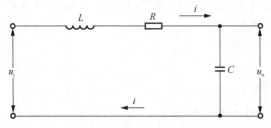

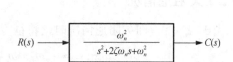

图 6.8　二阶无源电气系统　　　　　　　　图 6.9　二阶系统的传递函数方框图

将传递函数式 (6.5e) 与二阶系统传递函数的一般式 (6.6) 进行比较即可得上述二阶无源电气系统的无阻尼自然频率和阻尼比分别为

$$\begin{cases} \omega_n = \sqrt{\dfrac{1}{LC}} \\ \zeta = \dfrac{R}{2}\sqrt{\dfrac{C}{L}} \end{cases}$$

定义二阶系统一般式(6.6)的分母为二阶系统的特征方程：

$$s^2 + 2\zeta\omega_n s + \omega_n^2 = 0 \tag{6.7}$$

该特征方程的两个根为

$$s_1, s_2 = -\zeta\omega_n \pm \omega_n\sqrt{\zeta^2 - 1} \tag{6.8}$$

由于这两个根的表达式有根号存在，因此要根据根号内 ζ 的取值对系统做进一步分析：

(1) 当 $\zeta = 0$ 时，称其为无阻尼情况，此时两个特征根 $s_1, s_2 = \pm j\omega_n$ ；

(2) 当 $0 < \zeta < 1$ 时，称其为欠阻尼情况，此时两个特征根 $s_1, s_2 = -\zeta\omega_n \pm j\omega_n\sqrt{1 - \zeta^2}$ ；

(3) 当 $\zeta = 1$ 时，称其为临界阻尼情况，此时两个特征根 $s_1, s_2 = -\omega_n$ ；

(4) 当 $\zeta > 1$ 时，称其为过阻尼情况，此时两个特征根 $s_1, s_2 = -\zeta\omega_n \pm \omega_n\sqrt{\zeta^2 - 1}$ 。

下面对这四种情况逐一进行说明。

6.3.1　无阻尼情况

当 $\zeta = 0$，即无阻尼情况时，特征方程的根为

$$s_1, s_2 = -\zeta\omega_n \pm j\omega_n\sqrt{1 - \zeta^2} = \pm j\omega_n$$

将单位阶跃输入信号的拉氏变换 $R(s) = 1/s$ 代入二阶系统传递函数一般式(6.6)中，可得系统的输出为

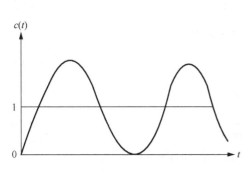

图 6.10　无阻尼二阶系统阶跃响应曲线

$$C(s) = \frac{\omega_n^2}{s(s + \zeta\omega_n - \omega_n\sqrt{\zeta^2 - 1})(s + \zeta\omega_n + \omega_n\sqrt{\zeta^2 - 1})}$$

$$= \frac{\omega_n^2}{s(s - \omega_n j)(s + \omega_n j)} = \frac{1}{s} + \frac{-s}{s^2 + \omega_n^2}$$

根据表 2.1 可得其拉氏逆变换为

$$c(t) = 1 - \cos\omega_n t$$

无阻尼二阶系统的阶跃响应曲线如图 6.10 所示，由图可知，输出响应是等幅振荡曲线。经典控制系统将等幅振荡视为临界状态，严格地说也是不稳定状态。

6.3.2　欠阻尼情况

当 $0 < \zeta < 1$，即欠阻尼情况时，特征方程的根为

$$s_1, s_2 = -\zeta\omega_n \pm \omega_n\sqrt{1 - \zeta^2} \cdot j = -\zeta\omega_n \pm \omega_d \cdot j$$

该特征方程的根在复数域内的分布如图 6.11 所示。式中，ω_d 是阻尼自然频率：

$$\omega_d = \omega_n\sqrt{1 - \zeta^2} \tag{6.9}$$

将单位阶跃输入信号的拉氏变换 $R(s) = 1/s$ 代入二阶系统传递函数一般式(6.6)中，可得系统的输出为

$$C(s) = \frac{1}{s} - \frac{s + 2\zeta\omega_n}{(s + \zeta\omega_n)^2 + \omega_n^2(1 - \zeta^2)}$$

对上式进行因式分解得

$$C(s) = \frac{1}{s} - \frac{s + \zeta\omega_n}{(s + \zeta\omega_n)^2 + \omega_n^2(1 - \zeta^2)} - \frac{\zeta\omega_n}{(s + \zeta\omega_n)^2 + \omega_n^2(1 - \zeta^2)}$$

将 ω_d 代入上式得

$$C(s) = \frac{1}{s} - \frac{s + \zeta\omega_n}{(s + \zeta\omega_n)^2 + \omega_d^2} - \frac{\zeta\omega_n}{(s + \zeta\omega_n)^2 + \omega_d^2}$$

其拉氏逆变换为

$$c(t) = 1 - e^{-\zeta\omega_n t}\left(\cos\omega_d t + \frac{\zeta}{\sqrt{1 - \zeta^2}}\sin\omega_d t\right)$$

$$= 1 - \frac{e^{-\zeta\omega_n t}}{\sqrt{1 - \zeta^2}}\sin\left(\omega_d t + \arctan\frac{\sqrt{1 - \zeta^2}}{\zeta}\right)$$

参考图 6.11，引入特征角：

$$\beta = \arctan\frac{\sqrt{1 - \zeta^2}}{\zeta} \tag{6.10}$$

将式(6.10)代入上述拉氏逆变换中可得

$$c(t) = 1 - \frac{e^{-\zeta\omega_n t}}{\sqrt{1 - \zeta^2}}\sin(\omega_d t + \beta)$$

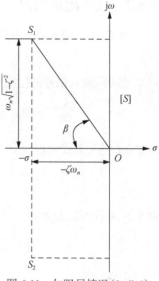

图 6.11 欠阻尼情况(0<ζ<1)

下特征根的分布

图 6.12 给出了不同阻尼比情况下的欠阻尼二阶系统阶跃响应曲线，由图可知，当 0<ζ<1 时，响应曲线收敛，且 ζ 值越小，振幅越大，说明系统稳定性变差。在综合考虑稳定性和快速性的情况下，一般会在区间(0.1,0.8)内选择 ζ 的值，其中，ζ = 0.707 为最佳阻尼比。

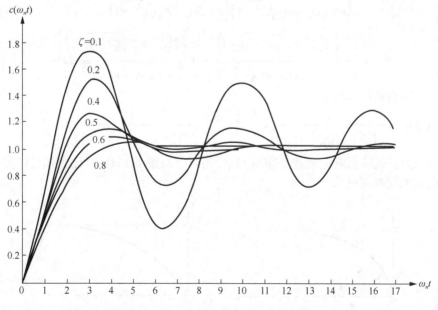

图 6.12 欠阻尼二阶系统阶跃响应曲线(1)

6.3.3 临界阻尼情况

当 $\zeta = 1$，即临界阻尼情况时，特征方程的根为

$$s_1, s_2 = -\zeta\omega_n \pm j\omega_n\sqrt{\zeta^2 - 1} = -\omega_n$$

将单位阶跃输入信号的拉氏变换 $R(s) = 1/s$ 代入二阶系统传递函数一般式中，可得系统的输出为

$$C(s) = \frac{\omega_n^2}{s\left(s + \zeta\omega_n - \omega_n\sqrt{\zeta^2 - 1}\right)\left(s + \zeta\omega_n + \omega_n\sqrt{\zeta^2 - 1}\right)}$$

将 $\zeta = 1$ 代入上式可得

$$C(s) = \frac{\omega_n^2}{s(s + \omega_n)^2}$$

对上式进行因式分解：

$$C(s) = \frac{1}{s} - \frac{1}{s + \omega_n} - \frac{\omega_n}{(s + \omega_n)^2}$$

其拉氏逆变换为

$$c(t) = 1 - e^{-\omega_n t} - \omega_n t e^{-\omega_n t} = 1 - e^{-\omega_n t}(1 + \omega_n t)$$

临界阻尼二阶系统的阶跃响应曲线如图 6.13(a) 所示。由图 6.13(a) 可知，当时间趋于无穷大时，响应曲线趋近于输入信号。但实际上，控制系统的输出和输入之间必然存在误差。

6.3.4 过阻尼情况

当 $\zeta > 1$，即过阻尼情况时，特征方程的根为

$$s_1, s_2 = -\zeta\omega_n \pm \omega_n\sqrt{\zeta^2 - 1}$$

将单位阶跃输入信号的拉氏变换 $R(s) = 1/s$ 代入二阶系统传递函数一般式中，可得系统的输出为

$$C(s) = \frac{\omega_n^2}{s\left(s + \zeta\omega_n - \omega_n\sqrt{\zeta^2 - 1}\right)\left(s + \zeta\omega_n + \omega_n\sqrt{\zeta^2 - 1}\right)}$$

$$= \frac{1}{s} + \frac{\left[2\left(\zeta^2 - \zeta\sqrt{\zeta^2 - 1} - 1\right)\right]^{-1}}{s + \zeta\omega_n - \omega_n\sqrt{\zeta^2 - 1}} + \frac{\left[2\left(\zeta^2 + \zeta\sqrt{\zeta^2 - 1} - 1\right)\right]^{-1}}{s + \zeta\omega_n + \omega_n\sqrt{\zeta^2 - 1}}$$

对其进行拉氏逆变换可得输出为

$$c(t) = 1 + \frac{1}{2\left(\zeta^2 - \zeta\sqrt{\zeta^2 - 1} - 1\right)}e^{-\left(\zeta - \sqrt{\zeta^2 - 1}\right)\omega_n t} + \frac{1}{2\left(\zeta^2 + \zeta\sqrt{\zeta^2 - 1} - 1\right)}e^{-\left(\zeta + \sqrt{\zeta^2 - 1}\right)\omega_n t}$$

过阻尼二阶系统阶跃响应曲线如图 6.13(b) 所示，与图 6.13(a) 对比可知过阻尼响应达到终值即稳态的响应时间更长。

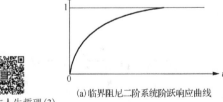

(a)临界阻尼二阶系统阶跃响应曲线

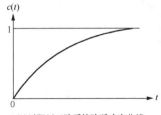

(b)过阻尼二阶系统阶跃响应曲线

控制理论与人生哲理(3)

图 6.13 $\zeta \geqslant 1$ 时的二阶系统阶跃响应曲线

例 6.3　某闭环传递函数具有以下形式：

$$\frac{C}{R} = \frac{9}{s^2 + 4.5s + 9}$$

(1) 求无阻尼自然频率 ω_n、阻尼比 ζ 和阻尼自然频率 ω_d。

(2) 求单位阶跃响应的稳态输出。

解：(1) 将闭环传递函数与二阶系统传递函数一般式(6.6)进行比较：

$$\frac{C}{R} = \frac{\omega_n^2}{s^2 + 2\zeta\omega_n s + \omega_n^2} = \frac{9}{s^2 + 4.5s + 9}$$

可得

$$\omega_n^2 = 9 \Rightarrow \omega_n = 3(\text{rad/s})$$
$$2\zeta\omega_n = 4.5 \Rightarrow \zeta = 0.75$$

通过式(6.9)可得

$$\omega_d = \omega_n\sqrt{1-\zeta^2} = 1.98\text{rad/s}$$

(2) 当系统的输入信号为单位阶跃输入信号时，系统的输出为

$$C(s) = \frac{9}{s^2 + 4.5s + 9} \cdot R(s) = \frac{9}{s^2 + 4.5s + 9} \cdot \frac{1}{s}$$

根据式(2.11)，应用拉氏变换的终值定理可得系统的稳态输出为

$$\lim_{t\to\infty} c(t) = \lim_{s\to0} s \cdot C(s) = \lim_{s\to0} s \cdot \frac{9}{s^2 + 4.5s + 9} \cdot \frac{1}{s} = 1$$

6.4　高阶系统的近似时间响应

6.4.1　极点和零点

为分析高阶系统，首先回顾关于极点和零点的知识。设具有一般式的传递函数 $G(s)$ 可展开成因式分解形式：

$$G(s) = \frac{K(s+z_1)(s+z_2)\cdots(s+z_m)}{s^k(s+p_1)(s+p_2)\cdots(s+p_n)}$$

$G(s)$ 的零点是分子方程为零的根：

$$K(s+z_1)(s+z_2)\cdots(s+z_m) = 0$$

即

$$s = -z_1, -z_2, \cdots, -z_m$$

$G(s)$ 的极点是分母方程为零的根：

$$s^k(s+p_1)(s+p_2)\cdots(s+p_n) = 0$$

即

$$s = 0, -p_1, -p_2, \cdots, -p_n$$

上述分母为零的方程也称为特征方程。一般来说，极点和零点既可能为实数，也可能为复数。例如，某传递函数的因式分解形式为

$$G(s) = \frac{K(s+1)(s+4)}{s(s+2)(s^2+2s+2)}$$

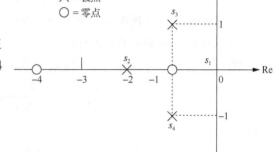

$G(s)$ 的特征方程为

$$s(s+2)(s^2+2s+2) = 0$$

求解该特征方程即可得到包括 1 对共轭极点在内的 4 个极点，它们在复平面的分布如图 6.14 所示。

$$
\begin{aligned}
s &= 0 & &\to & s_1 &= 0 \\
s+2 &= 0 & &\to & s_2 &= -2 \\
s^2+2s+2 &= 0 & &\to & s_{3,4} &= -1 \pm j
\end{aligned}
$$

图 6.14　某系统的极点和零点

6.4.2　主导极点

设某系统传递函数如下：

$$\frac{C(s)}{R(s)} = \frac{100}{(s+1)(s+100)}$$

可知其存在两个实数极点，分别为 $s_1 = -1$ 和 $s_2 = -100$，相比而言，前者更靠近虚轴，后者远离虚轴，如图 6.15 所示。

图 6.15　与虚轴距离悬殊的极点

假设给系统施加单位脉冲输入，则系统输出为

$$
\begin{aligned}
C(s) &= \frac{100}{(s+1)(s+100)} \cdot R(s) \\
&= \frac{100}{(s+1)(s+100)} \times 1 \\
&= \frac{A}{s+1} + \frac{B}{s+100}
\end{aligned}
$$

由 2.4.1 节中的方法可计算得到 $A = 100/99$，$B = -100/99$，即系统输出为

$$c(t) = 1.01\mathrm{e}^{-t} - 1.01\mathrm{e}^{-100t} = 1.01(\mathrm{e}^{-t} - \mathrm{e}^{-100t})$$

当时间 t 趋于无穷大时，e^{-100t} 远远小于 e^{-t}，即当时间趋于无穷大时，系统的稳态输出可近似为

$$c(t) = 1.01\mathrm{e}^{-t} - 1.01\mathrm{e}^{-100t} \approx 1.01\mathrm{e}^{-t}$$

由以上分析可知：靠近虚轴的极点在系统的稳态输出上起着主导作用，大多数情况下，系统的响应主要由靠近虚轴的极点决定，因此，称靠近虚轴的极点为主导极点。

同理可得针对复数主导极点的推论：对于有两对复数极点 $s_1 = -1 \pm j$ 和 $s_2 = -100 \pm j$ 的系统而言，其稳态输出将由极点 $s_1 = -1 \pm j$ 主导，因为 s_1 的实部比 s_2 的实部更接近虚轴，因此 s_1 是主导极点。

6.4.3　闭环主导极点

某三阶系统的传递函数如下：

$$\frac{C(s)}{R(s)} = \frac{5}{(\tau s+1)(s^2/\omega_n^2 + 2\zeta s\omega_n + 1)} = \frac{5}{(\tau s+1)\left(s + \zeta\omega_n - \omega_n\sqrt{1-\zeta^2}\cdot j\right)\left(s + \zeta\omega_n + \omega_n\sqrt{1-\zeta^2}\cdot j\right)}$$

图 6.16 为该系统特征方程的三个根：

$$s_1 = -\frac{1}{\tau}, \qquad s_{2,3} = -\zeta\omega_n \pm \omega_n\sqrt{1-\zeta^2} \cdot j$$

基于前述讨论的主导极点概念，在这里引入闭环主导极点。将判断共轭极点实部和实数极点距离虚轴远近的阈值设置为 5（该阈值大小的设置主要取决于设计系统的精度要求）。对上面的三阶系统而言，可知

$$\frac{|1/\tau|}{|\zeta\omega_n|} \geqslant 5$$

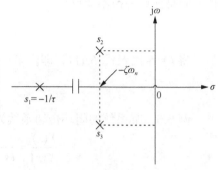

图 6.16　某三阶系统的闭环主导极点

上式表明，共轭极点距离虚轴的距离比实数极点更近，因此称共轭极点 s_2、s_3 为闭环主导极点。忽略远离虚轴的极点，仅保留闭环主导极点，是理论上获得高阶系统近似响应的有效方法。

例 6.4　将如下所示四阶闭环传递函数降幂近似为二阶传递函数：

$$\frac{C(s)}{R(s)} = \frac{600}{(s^2+22s+120)(s^2+3s+4)}$$

解：首先对该闭环传递函数的特征方程进行因式分解：

$$\frac{C(s)}{R(s)} = \frac{600}{(s^2+22s+120)(s^2+3s+4)} = \frac{600}{(s+10)(s+12)(s+1.5+1.32j)(s+1.5-1.32j)}$$

其闭环极点分别为

$$s_1 = -10, \quad s_2 = -12, \quad s_3 = -1.5-1.32j, \quad s_4 = -1.5+1.32j$$

因为

$$\frac{|-12|}{|-1.5|} = 8 \geqslant 5, \qquad \frac{|-10|}{|-1.5|} = 6.7 \geqslant 5$$

所以其闭环主导极点为

$$s_{3,4} = -1.5 \pm 1.32j$$

因此该四阶系统可简化成二阶系统：

$$\frac{C(s)}{R(s)} = \frac{600}{(s^2+22s+120)(s^2+3s+4)}$$

即

$$\frac{C}{R} \approx \frac{k}{s^2+3s+4} \tag{6.11}$$

除了如式（6.6）所示的传递函数一般式之外，为了分析不同的问题，现引入伯德形式传递函数，又称"+1"形式，即其传递函数分母的常数项为 1。只有"+1"形式闭环传递函数的分子才是该系统的增益，且系统传递函数的增益在降幂前后是不变的。对于该四阶系统，降幂前的增益 K 为

$$K = \frac{600}{120 \times 4} = 1.25$$

同时降幂后的增益 K' 为

$$K' = \frac{k}{4}$$

根据降幂前后增益不变可得

$$K' = K \Rightarrow \frac{k}{4} = 1.25 \Rightarrow k = 5$$

将 $k = 5$ 代入式(6.11)，即降幂近似后的二阶系统传递函数为

$$\frac{C(s)}{R(s)} \approx \frac{5}{s^2 + 3s + 4}$$

例 6.5 某系统的闭环传递函数为

$$\frac{Y(s)}{X(s)} = \frac{312000(s + 20.03)}{(s + 20)(s + 60)(s^2 + 20s + 5200)}$$

求该系统的近似单位阶跃响应。

解：该系统的闭环极点为

$$p_{1,2} = -10 \pm j71.4, \quad p_3 = -60, \quad p_4 = -20$$

零点为

$$z_1 = -20.03$$

因为极点 $p_4 = -20$ 和零点 $z_1 = -20.03$ 是一对偶极子，所以传递函数首先可简化为

$$\frac{Y(s)}{X(s)} = \frac{312000\,\cancel{(s + 20.03)}}{\cancel{(s + 20)}(s + 60)(s^2 + 20s + 5200)} \approx \frac{312000 \times 20.03 / 20}{(s + 60)(s^2 + 20s + 5200)}$$

对于其余极点而言，由于

$$\begin{cases} p_{1,2} = -10 \pm 71.4j \\ p_3 = -60 \end{cases} \Rightarrow \frac{\mathrm{Re}[p_3]}{\mathrm{Re}[p_1]} = \frac{-60}{-10} = 6 > 5$$

所以共轭极点 $p_{1,2}$ 是闭环主导极点，传递函数可再次简化为

$$\frac{Y(s)}{X(s)} = \frac{312000 \times 20.3 / 20}{\cancel{(s + 60)}(s^2 + 20s + 5200)} \approx \frac{312000 \times 20.3 / 20 / 60}{s^2 + 20s + 5200} = \frac{k}{s^2 + 20s + 5200}$$

其中

$$k = 312000 \times 20.03 / 20 / 60 = 5207.8$$

因此降幂近似后的闭环传递函数为

$$\frac{Y(s)}{X(s)} \approx \frac{5207.8}{s^2 + 20s + 5200}$$

对上式进拉氏逆变换，即为该四阶系统的近似单位阶跃响应：

$$y(t) \approx 1 - \mathrm{e}^{-10t} \sin(71.1t + 1.43)$$

6.5　时间响应性能指标

时间响应性能指标是分析系统瞬态响应的重要参数，能提供系统响应的快速性分析和鲁棒性分析，本节主要介绍一阶和二阶系统的性能指标。

6.5.1　一阶系统的性能指标

在 6.2.1 节中，一阶系统单位阶跃响应为

$$c(t) = 1 - \mathrm{e}^{-t/\tau}$$

如图 6.17 所示，τ 为时间常数，T_r 为上升时间，T_s 为调整时间。

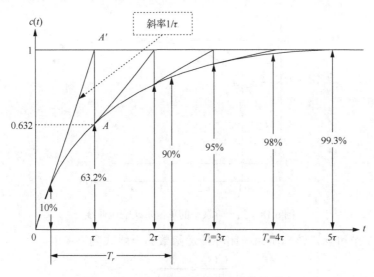

图 6.17 一阶系统单位阶跃响应曲线(二)

1. 时间常数

时间常数与系统在阶跃输入下的响应速度有关，因此它是一阶系统的瞬态响应指标。阶跃响应从零上升到其终值的 63.2% 所需的时间即时间常数，如图 6.17 所示，它也是 $1-e^{-t/\tau}$ 衰减到其初值的 36.8% 所需的时间：

$$c(\tau)=1-e^{\frac{t}{\tau}}\bigg|_{t=\tau}=1-e^{-\frac{\tau}{\tau}}=0.632$$

如图 6.17 所示，$1/\tau$ 是 $c(t)$ 在 $t=0$ 时的斜率，即当 $t=0$ 时，$c(t)$ 的导数为

$$\frac{dc(t)}{dt}\bigg|_{t=0}=\frac{1}{\tau}e^{\frac{-t}{\tau}}\bigg|_{t=0}=\frac{1}{\tau}$$

2. 上升时间

如图 6.17 所示，响应曲线从其终值的 0.1 上升到 0.9 所需的时间为上升时间。将 $c(t)=0.9$ 和 $c(t)=0.1$ 分别代入式(6.2)中可得

$$c(t)=1-e^{-t/\tau}=0.9\Rightarrow t=2.30\tau$$
$$c(t)=1-e^{-t/\tau}=0.1\Rightarrow t=0.11\tau$$

因此上升时间 T_r 为

$$T_r=2.30\tau-0.11\tau\approx2.2\tau$$

3. 调整时间

如图 6.17 所示，响应曲线达到并稳定在其终值的 ±2%（精度阈值）时所需的时间为调整时间。令 $c(t)=0.98$ 可得

$$c(T_s)=1-e^{-T_s/\tau}=0.98\Rightarrow T_s=4\tau, \quad \delta=\pm2\%$$

若选用的精度阈值为 ±5%，即 $c(t)=0.95$，可得

$$c(T_s)=1-e^{-T_s/\tau}=0.95\Rightarrow T_s=3\tau, \quad \delta=\pm5\%$$

因此调整时间与精度阈值有关。

例 6.6 某一阶系统单位阶跃响应曲线如图 6.18 所示，求该系统的闭环传递函数。

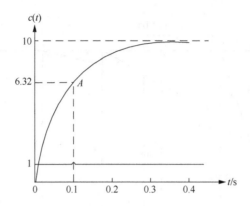

图 6.18   某一阶系统的单位阶跃响应曲线

解：由 6.2.1 节可知，该一阶系统闭环传递函数的一般式为

$$\frac{C(s)}{R(s)} = \frac{k}{\tau s + 1}$$

由图 6.18 中 A 点可得 6.32/10=63.2%，因此时间常数 $\tau = 0.1$。同时由图可知，当时间趋于无穷大时，$c(\infty)=10$，根据 6.2.1 节可得系统增益与输入幅值的乘积，即 $k \cdot r = 10$，由于输入信号是单位阶跃信号，即 $r = 1$，因此该系统的增益 k 为

$$k = \frac{10}{r} = \frac{10}{1} = 10$$

综上，该系统的闭环传递函数为

$$\varPhi(s) = \frac{k}{\tau s + 1} = \frac{10}{0.1s + 1}$$

6.5.2   二阶系统的性能指标

通常在欠阻尼情况下讨论二阶系统的性能指标。衡量响应速度的上升时间 T_r 和峰值时间 T_p，以及与系统稳定性有关的最大百分比超调量 PO 和调整时间 T_s 均为二阶系统的重要性能指标，如图 6.19 所示。

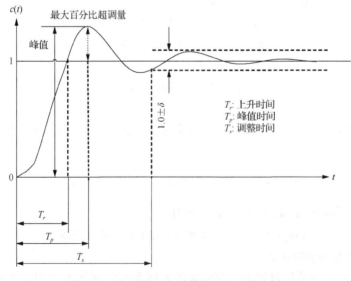

图 6.19   欠阻尼二阶系统阶跃响应曲线(2)

1. 上升时间

响应曲线首次从终值的 0%上升到 100%的时间即为上升时间 T_r。对于二阶系统的时间响应，如 6.3.2 节所述：

$$c(t) = 1 - e^{-\zeta\omega_n t}\left(\cos\omega_d t + \frac{\zeta}{\sqrt{1-\zeta^2}}\sin\omega_d t\right)$$

根据上升时间定义可知当 $c(t) = 1$ 时对应的时间即为上升时间 T_r：

$$c(T_r) = 1 = 1 - e^{-\zeta\omega_n T_r}\left(\cos\omega_d T_r + \frac{\zeta}{\sqrt{1-\zeta^2}}\sin\omega_d T_r\right)$$

因为

$$e^{-\zeta\omega_n T_r} \neq 0$$

所以

$$\cos\omega_d T_r + \frac{\zeta}{\sqrt{1-\zeta^2}}\sin\omega_d T_r = 0$$

整理上式可得

$$\tan\omega_d T_r = -\frac{\sqrt{1-\zeta^2}}{\zeta}$$

$$\omega_d T_r = \pi - \arctan\frac{\sqrt{1-\zeta^2}}{\zeta}$$

将特征角 β 的表达式即式(6.10)代入上式可得上升时间为

$$T_r = \frac{\pi - \beta}{\omega_d} = \frac{\pi - \beta}{\omega_n\sqrt{1-\zeta^2}} \tag{6.12}$$

2. 峰值时间

峰值时间与响应曲线的最大峰值 M_{T_p} 有关，即响应曲线的最大峰值 M_{T_p} 对应的时间即峰值时间。对于二阶系统的时间响应，如 6.3.2 节所述：

$$c(t) = 1 - e^{-\zeta\omega_n t}\left(\cos\omega_d t + \frac{\zeta}{\sqrt{1-\zeta^2}}\sin\omega_d t\right)$$

当 $c(t)$ 的导数等于 0，即 $c'(t) = 0$ 时所对应的时间即峰值时间 T_p：

$$\left.\frac{dc(t)}{dt}\right|_{t=T_p} = (1-\zeta^2)\sin\omega_d T_p + \zeta^2\sin\omega_d T_p = 0$$

$$\sin\omega_d T_p = 0$$

$$\omega_d T_p = n\pi, \quad n = 0,1,2,\cdots,k$$

即峰值时间为

$$T_p = \frac{\pi}{\omega_d} = \frac{\pi}{\omega_n\sqrt{1-\zeta^2}} \tag{6.13}$$

3. 最大百分比超调量

定义系统的最大百分比超调量为

$$\text{PO} = \frac{M_{T_p} - fv}{fv} \times 100\% \tag{6.14}$$

式中，fv 为响应的终值，通常为输入量的幅值，例如，当输入信号为单位阶跃输入时，$fv = 1$。响应曲线的最大峰值 M_{T_p} 为

$$M_{T_p} = 1 - \frac{1}{\sqrt{1-\zeta^2}} \mathrm{e}^{-\zeta\omega_n T_p} \cdot \sin\left(\pi + \arctan\frac{\sqrt{1-\zeta^2}}{\zeta}\right) \times 100\%$$

因为

$$\beta = \arctan\frac{\sqrt{1-\zeta^2}}{\zeta}$$

所以

$$M_{T_p} = 1 - \frac{1}{\sqrt{1-\zeta^2}} \mathrm{e}^{-\zeta\omega_n T_p} \cdot \sin(\pi + \beta) = 1 + \frac{1}{\sqrt{1-\zeta^2}} \mathrm{e}^{-\zeta\omega_n T_p} \cdot \sin\beta$$

$$= 1 + \frac{1}{\sqrt{1-\zeta^2}} \mathrm{e}^{-\zeta\omega_n T_p} \cdot \sqrt{1-\zeta^2} = 1 + \mathrm{e}^{-\zeta\omega_n T_p}$$

将其代入式 (6.14) 可得

$$\mathrm{PO} = \frac{M_{T_p} - fv}{fv} \times 100\% = \frac{1 + \mathrm{e}^{-\zeta\omega_n T_p} - 1}{1} \times 100\% = \mathrm{e}^{-\zeta\omega_n T_p} \times 100\%$$

又因为

$$T_p = \frac{\pi}{\omega_d} = \frac{\pi}{\omega_n\sqrt{1-\zeta^2}}$$

控制理论与人生哲理 (4)

最终可得最大百分比超调量为

$$\mathrm{PO} = \mathrm{e}^{-\frac{\zeta\pi}{\sqrt{1-\zeta^2}}} \times 100\% \tag{6.15}$$

4. 调整时间

对于欠阻尼二阶系统阶跃响应而言，输出即响应值一般都会收敛到稳态值。这种收敛可用阈值来衡量，例如，当响应值和稳态值之差达到某设定阈值时可认为系统处于某种稳态，这实际上是系统的稳定性。下面引入调整时间 T_s 来衡量系统的这一特性，首先将 T_s 代入 M_{T_p} 可得

$$M_{T_s} = 1 - \frac{1}{\sqrt{1-\zeta^2}} \mathrm{e}^{-\zeta\omega_n T_s} \cdot \sin(\pi + \beta) = 1 + \mathrm{e}^{-\zeta\omega_n T_s}$$

与一阶系统相同，通常设定两种误差阈值。如果系统的响应值与稳态值的误差保持在 ±2% 范围内，即

$$M_{T_s} - 1 = 1 + \mathrm{e}^{-\zeta\omega_n T_s} - 1 = \mathrm{e}^{-\zeta\omega_n T_s} < 0.02$$

解得

$$\zeta\omega_n T_s \approx 4$$

因此

$$T_s = \frac{4}{\zeta\omega_n}, \quad \delta = \pm2\% \tag{6.16}$$

如果系统的响应值与稳态值的误差保持在 ±5% 范围内，则有

$$T_s = \frac{3}{\zeta \omega_n}, \quad \delta = \pm 5\% \tag{6.17}$$

例 6.7 某系统闭环传递函数为

$$\Phi(s) = \frac{100}{s^2 + 15s + 100}$$

求 T_p、PO、$T_s(\pm 2\%)$、T_r。

解： 将该闭环传递函数与一般式进行比较：

$$\Phi(s) = \frac{100}{s^2 + 15s + 100} = \frac{\omega_n{}^2}{s^2 + 2\zeta\omega_n s + \omega_n{}^2}$$

可得

$$\omega_n{}^2 = 100 \Rightarrow \omega_n = 10$$

$$2\zeta\omega_n = 15 \Rightarrow \zeta = \frac{15}{2\omega_n} = 0.75$$

由式(6.9)和式(6.10)可得

$$\omega_d = \omega_n \sqrt{1-\zeta^2} = 6.61$$

$$\beta = \arctan\left(\frac{\sqrt{1-\zeta^2}}{\zeta}\right) \Rightarrow \beta = 0.72$$

将 ζ、ω_n 和 ω_d 依次代入 T_p、PO、T_s、T_r 的方程，分别求得

$$T_p = \frac{\pi}{\omega_d} = \frac{\pi}{\omega_n \sqrt{1-\zeta^2}} = 0.475\mathrm{s}$$

$$\mathrm{PO} = \mathrm{e}^{-\zeta\pi/\sqrt{1-\zeta^2}} \times 100\% = 2.836\%$$

$$T_s = \frac{4}{\zeta\omega_n} = 0.533\mathrm{s}, \quad \delta = \pm 2\%$$

$$T_r = \frac{\pi - \beta}{\omega_d} = 0.366\mathrm{s}$$

例 6.8 某机械垂直平移系统原理图如图 6.20(a)所示，当幅值为 $2N$ 的阶跃输入信号作用于该系统时，质量块的运动规律如图 6.20(b)所示。求质量块的质量 m、阻尼系数 B、弹簧系数 k 的值。

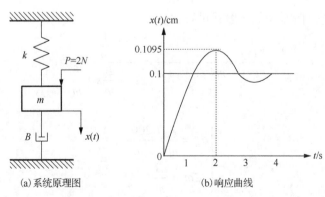

(a) 系统原理图　　　　　(b) 响应曲线

图 6.20　机械垂直平移系统及其响应曲线

解： 根据图 6.20(a)可绘制系统的受力分析图，并建立系统的微分方程，拉氏变换后可得该机械垂直系统的闭环传递函数为

$$\frac{X(s)}{P(s)} = \frac{1}{ms^2 + Bs + k}$$

因为

$$P(s) = \frac{2}{s}$$

所以

$$X(s) = \frac{1}{ms^2 + Bs + k} \cdot \frac{2}{s}$$

根据图 6.20(b)的响应曲线可知该系统的稳态值为 0.001m，由终值定理可得

$$x(\infty) = \lim_{s \to 0} sX(s) = \lim_{s \to 0} s \cdot \frac{1}{ms^2 + Bs + k} \cdot \frac{2}{s} = \frac{2}{k} = 0.001\text{m}$$

所以

$$k = \frac{2}{0.001} = 2000(\text{N}/\text{m})$$

联立图 6.20(b)中 PO 的值和式(6.15)：

$$\begin{cases} \text{PO} = \dfrac{0.1095 - 0.1}{0.1} \times 100\% = 9.5\% \\ \text{PO} = \text{e}^{-\frac{\zeta\pi}{\sqrt{1-\zeta^2}}} \times 100\% \end{cases}$$

可得阻尼比 ζ 的值为

$$\zeta = \sqrt{\frac{1}{1 + \left(\dfrac{\pi}{\ln \text{PO}}\right)^2}} = 0.6$$

因此

$$T_p = \frac{\pi}{\omega_n \sqrt{1 - \zeta^2}} = \frac{\pi}{0.8\omega_n} = 2\text{s}$$

$$\omega_n = \frac{3.14}{2 \times 0.8} = 1.96(\text{rad}/\text{s})$$

将该系统传递函数与二阶系统的一般式进行比较：

$$\frac{X(s)}{P(s)} = \frac{1}{ms^2 + Bs + k} = \frac{\dfrac{1}{m}}{s^2 + \dfrac{B}{m}s + \dfrac{k}{m}}$$

可得

$$\begin{cases} \omega_n^2 = \dfrac{k}{m} = \dfrac{2000}{m} \\ 2\zeta\omega_n = \dfrac{B}{m} \end{cases}$$

因此质量 m 为

$$m = \frac{2000}{\omega_n^2} = \frac{2000}{1.96^2} = 521(\text{kg})$$

阻尼系数 B 为

$$B = 2\zeta\omega_n m = 2 \times 0.6 \times 1.96 \times 521 = 1225.4(\text{N} \cdot \text{s} / \text{m})$$

本 章 习 题

6.1　某系统的单位阶跃响应为

$$c(t) = 1 - 2\text{e}^{-2t} + \text{e}^{-t}$$

求该系统的闭环传递函数和单位脉冲响应。

6.2　某单位负反馈二阶系统的单位阶跃响应曲线如图 6.21 所示，求其开环传递函数。

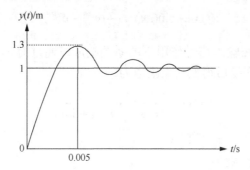

图 6.21　某单位负反馈二阶系统的单位阶跃响应曲线

6.3　某系统传递函数方框图如图 6.22 所示，当输入为单位阶跃信号时，PO=16%，$\omega_n = 10\text{rad/s}$，求常数 a 和 b。

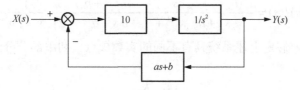

图 6.22　某系统传递函数方框图

6.4　某系统的单位阶跃输入响应为 $c(t) = 3 - 4\text{e}^{-t} + \text{e}^{-4t}$。

(1) 求该系统的闭环传递函数；

(2) 求阻尼比 ζ 和无阻尼自然频率 ω_n；

(3) 当 $\zeta=0.707$ 且 ω_n 为上一步中相同值时，计算性能指标 T_s、T_p 和 PO。

第7章 频率响应分析

7.1 概 述

在分析和设计系统时，频率响应分析法是除时间响应分析法之外的另一种重要且实用的方法，尤其在对系统的动态特性分析方面具有优势。

系统的频率响应是指系统在谐波输入信号作用下的稳态响应。正弦信号是典型的谐波信号，其表达形式为

$$i(t) = A_i \sin(\omega t) = \frac{A_i}{2j}(e^{j\omega t} - e^{-j\omega t}) \tag{7.1a}$$

由式(7.1a)可知，正弦输入信号作用下的系统响应可通过对 $e^{j\omega t}$ 和 $e^{-j\omega t}$ 响应的叠加来获得。对式(7.1a)进行拉氏变换后得到其象函数为

$$I(s) = \frac{A_i}{2j}\left(\frac{1}{s - j\omega} - \frac{1}{s + j\omega}\right) \tag{7.1b}$$

式中，A_i 为正弦信号的幅值；ω 为频率；$j = \sqrt{-1}$ 。

设某线性系统的传递函数为

$$G(s) = \frac{Y(s)}{I(s)} = \frac{K(b_m s^m + b_{m-1} s^{m-1} + \cdots + b_1 s + b_0)}{a_n s^n + a_{n-1} s^{n-1} + \cdots + a_1 s + a_0} \tag{7.2}$$

因此系统的输出 $Y(s)$ 为

$$Y(s) = G(s)I(s) = \frac{K(b_m s^m + b_{m-1} s^{m-1} + \cdots + b_1 s + b_0)}{a_n s^n + a_{n-1} s^{n-1} + \cdots + a_1 s + a_0} \cdot \frac{A_i}{2j}\left(\frac{1}{s - j\omega} - \frac{1}{s + j\omega}\right) \tag{7.3}$$

为简化分析过程，假定上述系统具有不同的实数极点。利用部分分式法对式(7.3)进行因式分解得

$$Y(s) = G(s)I(s) = \sum_{i=1}^{n} \frac{K_i}{s - p_i} + \frac{C_1}{s - j\omega} - \frac{C_2}{s + j\omega} \tag{7.4}$$

式中，$K_i(i = 1, 2, \cdots, n)$、C_1、C_2 的表达式分别为

$$K_i = Y(s)(s - p_i)\big|_{s = p_i}$$

$$C_1 = Y(s)(s - j\omega)\big|_{s = j\omega} = \frac{A_i G(s)}{2j}\bigg|_{s = j\omega} = \frac{A_i |G(j\omega)|}{2j} e^{j\varphi(\omega)} = \frac{A_i A(\omega)}{2j} e^{j\varphi(\omega)}$$

$$C_2 = Y(s)(s + j\omega)\big|_{s = -j\omega} = \frac{A_i G(s)}{2j}\bigg|_{s = -j\omega} = \frac{A_i |G(-j\omega)|}{2j} e^{-j\varphi(\omega)} = \frac{A_i |G(j\omega)|}{2j} e^{-j\varphi(\omega)} = \frac{A_i A(\omega)}{2j} e^{-j\varphi(\omega)}$$

因此，系统对正弦输入信号的稳态响应为

$$y(t) = \sum_{i=1}^{n} K_i e^{p_i t} + \frac{A_i |G(j\omega)|}{2j}\left[e^{j[\omega t + \varphi(\omega)]} - e^{-j[\omega t + \varphi(\omega)]}\right] = \sum_{i=1}^{n} K_i e^{p_i t} + A_i |G(j\omega)| \sin[\omega t + \varphi(\omega)]$$

式中，$p_i < 0(i=1,2,\cdots,n)$，因此当时间 t 趋于无穷大时，$\sum\limits_{i=1}^{n}K_i\mathrm{e}^{p_i t}$ 趋近于 0，即系统的稳态响应为

$$y(t) = A_i\left|G(\mathrm{j}\omega)\right|\sin\left[\omega t + \varphi_y(\omega)\right] \tag{7.5}$$

如图 7.1 所示，在正弦输入信号作用下，线性系统的输出是同频率的正弦信号。此外，与输入信号相比，输出的幅值变为输入信号的 $\left|G(\mathrm{j}\omega)\right|$ 倍，输出与输入之间的相位差为 $G(\mathrm{j}\omega)$ 的相位 $\varphi_y(\omega)$。

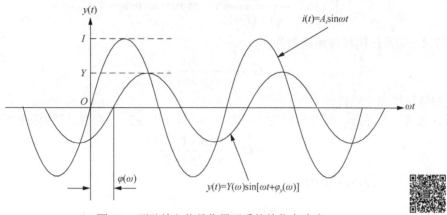

图 7.1　正弦输入信号作用下系统的稳态响应

控制理论与人生哲理 (5)

令传递函数 $G(s)$ 中的 $s=\mathrm{j}\omega$，则复变量 $G(\mathrm{j}\omega)$ 即为系统的频率特性：

$$G(\mathrm{j}\omega) = \mathrm{Re}(\omega) + \mathrm{jIm}(\omega) = \left|G(\mathrm{j}\omega)\right|\mathrm{e}^{\mathrm{j}\varphi(\omega)} = A(\omega)\cdot\mathrm{e}^{\mathrm{j}\varphi(\omega)} \tag{7.6}$$

式中，$\mathrm{Re}(\omega)$ 为 $G(\mathrm{j}\omega)$ 的实部，又称为实频特性；$\mathrm{Im}(\omega)$ 为 $G(\mathrm{j}\omega)$ 的虚部，又称为虚频特性；$\left|G(\mathrm{j}\omega)\right|$ 在数值上等于 $A(\omega)$，称为幅频特性；$\varphi(\omega)$ 为相频特性。由图 7.2 可知，系统的幅频特性、相频特性、实频特性、虚频特性之间满足下述关系：

$$\left|G(\mathrm{j}\omega)\right| = \sqrt{\mathrm{Re}(\omega)^2 + \mathrm{Im}(\omega)^2} \tag{7.7}$$

$$\varphi(\omega) = \arctan\frac{\mathrm{Im}(\omega)}{\mathrm{Re}(\omega)} \tag{7.8}$$

由式 (7.5) 和式 (7.1a) 可知

$$\left|G(\mathrm{j}\omega)\right| = \frac{\left|y(t)\right|}{\left|i(t)\right|} \tag{7.9}$$

$$\varphi(\omega) = \varphi_y(\omega) - \varphi_i(\omega) \tag{7.10}$$

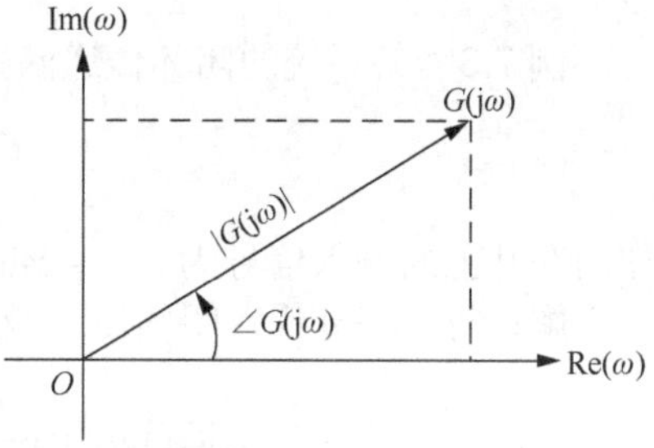

图 7.2　频率特性

式中，$|y(t)|$ 为系统频率响应的幅值；$|i(t)|$ 为正弦输入信号的幅值；$\varphi_y(\omega)$ 为系统频率响应的相位；$\varphi_i(\omega)$ 为正弦输入信号的相位。

系统的幅频特性描述了系统输出与输入幅值比随频率变化的情况，即幅值的衰减或放大特性。系统的相频特性描述了输出相位对正弦输入信号相位的滞后或超前特性。

例 7.1　某系统闭环传递函数为

$$G(s) = \frac{K}{1+Ts}$$

试求其幅频特性和相频特性。

解：将 $s = \mathrm{j}\omega$ 代入闭环传递函数，并将之分解为实部与虚部的形式：

$$G(\mathrm{j}\omega) = \frac{K}{1+T\mathrm{j}\omega} = \frac{K}{(1+T\mathrm{j}\omega)(1-T\mathrm{j}\omega)}(1-\mathrm{j}\omega T) = \frac{K}{1+(T\omega)^2}(1-\mathrm{j}\omega T) = \frac{K}{1+(T\omega)^2} - \frac{K\omega T}{1+(T\omega)^2}\mathrm{j}$$

其实频特性和虚频特性分别为

$$\mathrm{Re}(\omega) = \frac{K}{1+(T\omega)^2}, \quad \mathrm{Im}(\omega) = \frac{-K\omega T}{1+(T\omega)^2}$$

因此其幅频特性和相频特性分别为

$$|G(\mathrm{j}\omega)| = \frac{K}{\sqrt{1+(T\omega)^2}}, \quad \varphi(\omega) = \arctan(-\omega T)$$

例 7.2　某系统闭环传递函数为

$$G(s) = \frac{s+1}{s^2+5s+6}$$

试求其幅频特性和相频特性。

解：该系统的零点、极点分别为 $z = -1$，$p_1 = -2$，$p_2 = -3$，因此闭环传递函数可改写为

$$G(s) = \frac{s+1}{(s+2)(s+3)}$$

将 $s = \mathrm{j}\omega$ 代入闭环传递函数中得

$$G(\mathrm{j}\omega) = \frac{\mathrm{j}\omega+1}{(\mathrm{j}\omega+2)(\mathrm{j}\omega+3)}$$

根据复数的计算法则，该系统的幅频特性和相频特性分别为

$$|G(\mathrm{j}\omega)| = \frac{|\mathrm{j}\omega+1|}{|\mathrm{j}\omega+2|\cdot|\mathrm{j}\omega+3|} = \frac{\sqrt{1+\omega^2}}{\sqrt{2^2+\omega^2}\cdot\sqrt{3^2+\omega^2}}$$

$$\varphi(\omega) = \arctan\omega - \arctan\frac{\omega}{2} - \arctan\frac{\omega}{3}$$

例 7.3　某系统的闭环传递函数为

$$G(s) = \frac{Y(s)}{I(s)} = \frac{s+1}{(s+2)(s+4)}$$

作用在其上的输入信号为 $i(t) = 2\sin(t+45°)$，试求其稳态响应。

解：将 $s = \mathrm{j}\omega$ 代入闭环传递函数并得幅频特性和相频特性如下：

$$|G(\mathrm{j}\omega)| = \frac{|1+\mathrm{j}\omega|}{|\mathrm{j}\omega+2|\cdot|\mathrm{j}\omega+4|} = \frac{\sqrt{1+\omega^2}}{\sqrt{2^2+\omega^2}\cdot\sqrt{4^2+\omega^2}}$$

$$\varphi(\omega) = \arctan\omega - \arctan\frac{\omega}{2} - \arctan\frac{\omega}{4}$$

由于输入信号为 $i(t) = 2\sin(t+45°)$，因此输入信号的频率 $\omega = 1$，可得幅频特性 $|G(\mathrm{j}\omega)|$ 和相频特性 $\varphi(\omega)$ 分别为

$$|G(\mathrm{j}\omega)|\big|_{\omega=1} = \frac{\sqrt{2}}{\sqrt{5}\times\sqrt{17}} = 0.1534$$

$$\varphi(\omega)\big|_{\omega=1} = \arctan 1 - \arctan\frac{1}{2} - \arctan\frac{1}{4} = 4.4°$$

由式(7.9)和式(7.10)可求得该系统的稳态输出(响应)的幅值和相位分别为

$$|y(t)| = |G(j\omega)| \cdot |i(t)| = 0.1534 \times 2 = 0.3068$$

$$\varphi_y(\omega) = \varphi(\omega) + \varphi_i(\omega) = 4.4° + 45° = 49.4°$$

因此，系统的稳态响应为

$$y(t) = 0.3068\sin(t + 49.4°)$$

7.2　频率特性的图形表示

频率特性分析法是对控制系统进行分析和设计的重要图形表示法，这里的图形表示法主要指奈奎斯特图和伯德图。

7.2.1　奈奎斯特图

如图 7.3 所示，在复平面内，当频率 ω 在 $(0, \infty)$ 内变化时，矢量 $G(j\omega)$ 的端点（$G(\mathrm{Re}(\omega)，\mathrm{Im}(\omega))$）经过的曲线即奈奎斯特图，简称奈氏图。通过绘制奈氏图可对系统进行频率特性分析，主要绘制步骤如下：

(1) 令 s=jω，由系统的传递函数获得系统的频率特性 $G(j\omega)$。

(2) 根据系统的频率特性 $G(j\omega)$，写出幅频特性 $|G(j\omega)|$、相频特性 $\angle G(j\omega)$、实频特性 $\mathrm{Re}(\omega)$ 和虚频特性 $\mathrm{Im}(\omega)$。

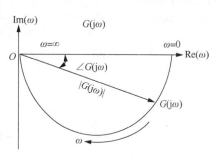

图 7.3　奈奎斯特图

(3) 令 $\omega = 0\mathrm{rad/s}$，求出 $|G(j\omega_0)|$、$\angle G(j\omega_0)$、$\mathrm{Re}(\omega_0)$ 和 $\mathrm{Im}(\omega_0)$。

(4) 令 $\mathrm{Re}(\omega)=0$，求出 ω，代入 $\mathrm{Im}(\omega)$，求得奈氏曲线与虚轴的交点；令 $\mathrm{Im}(\omega)=0$，求出 ω，代入 $\mathrm{Re}(\omega)$，求得奈氏曲线与实轴的交点。

(5) 对于二阶振荡环节，求出 $|G(j\omega_n)|$、$\angle G(j\omega_n)$、$\mathrm{Re}(\omega_n)$ 和 $\mathrm{Im}(\omega_n)$。

(6) 令 $\omega = \infty$，求出 $|G(j\omega_\infty)|$、$\angle G(j\omega_\infty)$、$\mathrm{Re}(\omega_\infty)$ 和 $\mathrm{Im}(\omega_\infty)$。

(7) 为获得较为准确的奈氏曲线，在 $0< \omega <\infty$ 的范围内再取若干点分别求 $|G(j\omega)|$、$\angle G(j\omega)$、$\mathrm{Re}(\omega)$ 和 $\mathrm{Im}(\omega)$。

(8) 在复平面内，标明实轴、原点和虚轴，按 ω 增大的方向将上述各点连成一条曲线，即为奈氏曲线。

7.2.2　典型环节的奈奎斯特图

典型环节的奈奎斯特图对于分析系统的动态特性和判断系统的稳定性有着较为重要的作用。

1. 比例环节

比例环节的传递函数为

$$G(s) = K$$

其频率特性函数为

$$G(j\omega) = K \tag{7.11}$$

显而易见，比例环节的实频特性为 $\mathrm{Re}(\omega) = K$，虚频特性为 $\mathrm{Im}(\omega) = K$，幅频特性为 $|G(j\omega)|=K$，相频特性为 $\angle G(j\omega) = 0°$。如图 7.4 所示，当 ω 从 0 变化到 ∞ 时，$G(j\omega)$ 的幅值总是 K，相

位总是 0°，即比例环节的奈奎斯特图为实轴上的定点，其坐标为 $(K, j0)$。

2. 积分环节

积分环节的传递函数为

$$G(s) = \frac{1}{s}$$

其频率特性函数为

$$G(j\omega) = \frac{1}{j\omega} = -j\frac{1}{\omega} \tag{7.12}$$

由式(7.12)可知，积分环节的实频特性为 $\mathrm{Re}(\omega) = 0$，虚频特性为 $\mathrm{Im}(\omega) = -1/\omega$，幅频特性为 $|G(j\omega)| = 1/\omega$，相频特性为 $\angle G(j\omega) = -90°$。如图 7.5 所示，当 ω 从 0 变化到 ∞ 时，$G(j\omega)$ 的幅值由 ∞ 变化到 0，相位总是 $-90°$，因此积分环节的奈奎斯特图为虚轴的下半轴，且由无穷远点指向原点。

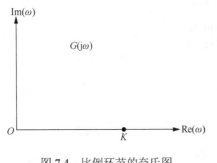

图 7.4　比例环节的奈氏图

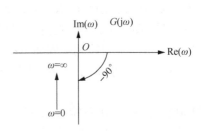

图 7.5　积分环节的奈氏图

3. 理想微分环节

理想微分环节的传递函数为

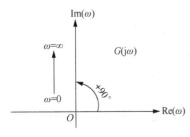

图 7.6　理想微分环节的奈氏图

$$G(s) = s$$

其频率特性函数为

$$G(j\omega) = j\omega \tag{7.13}$$

理想微分环节的实频特性是 $\mathrm{Re}(\omega) = 0$，虚频特性是 $\mathrm{Im}(\omega) = \omega$，幅频特性是 $|G(j\omega)| = \omega$，相频特性是 $\angle G(j\omega) = 90°$。如图 7.6 所示，当 ω 从 0 变化到 ∞ 时，$G(j\omega)$ 的幅值由 0 变化到 ∞，相位总是 $90°$，因此理想微分环节的奈奎斯特图为虚轴的上半轴，且由原点指向无穷远点。

4. 惯性环节

惯性环节的传递函数为

$$G(s) = \frac{1}{Ts + 1}$$

其频率特性函数为

$$G(j\omega) = \frac{1}{1 + j\omega T} = \frac{1}{1 + \omega^2 T^2} - \frac{T\omega}{1 + \omega^2 T^2} \cdot j \tag{7.14}$$

由式(7.14)可知，惯性环节的实频特性、虚频特性分别为

$$\mathrm{Re}(\omega) = \frac{1}{1 + \omega^2 T^2}$$

$$\text{Im}(\omega) = \frac{-T\omega}{1+\omega^2T^2}$$

惯性环节的幅频特性、相频特性分别为

$$|G(j\omega)| = \frac{1}{\sqrt{1+T^2\omega^2}}$$

$$\angle G(j\omega) = -\arctan T\omega$$

因此，当ω=0rad/s 时，$|G(j\omega)| = 1$，$\angle G(j\omega) = 0°$，$\text{Re}(\omega) = 1$，$\text{Im}(\omega) = 0$；当 $\omega = 1/T$ 时，$|G(j\omega)| = 0.707$，$\angle G(j\omega) = -45°$，$\text{Re}(\omega) = \frac{1}{2}$，$\text{Im}(\omega) = -\frac{1}{2}$；当 $\omega = \infty$ 时，$|G(j\omega)| = 0$，$\angle G(j\omega) = -90°$，$\text{Re}(\omega) = 0$，$\text{Im}(\omega) = 0$。

为得到惯性环节的奈氏图，引入变量 U 和 V，分别代表实频特性和虚频特性：

$$U = \frac{1}{1+\omega^2T^2}，\quad V = \frac{-T\omega}{1+\omega^2T^2}$$

因此可得

$$\left(U - \frac{1}{2}\right)^2 + V^2 = \left(\frac{1}{2}\right)^2$$

显而易见，上式为圆方程，同时，当ω从 0 变化到∞时，$\angle G(j\omega)$ 和 $\text{Im}(\omega)$ 恒为负值，因此惯性环节的奈奎斯特图为如图 7.7 所示的半个圆。

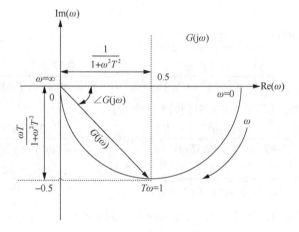

图 7.7　惯性环节的奈氏图

5. 一阶微分环节

一阶微分环节的传递函数为

$$G(s) = Ts + 1$$

其频率特性函数为

$$G(j\omega) = 1 + j\omega T \tag{7.15}$$

其实频特性、虚频特性分别为

$$\text{Re}(\omega) = 1$$

$$\text{Im}(\omega) = T\omega$$

其幅频特性、相频特性分别为

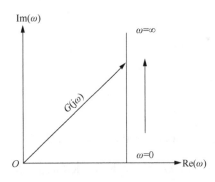

图 7.8　一阶微分环节的奈氏图

$$|G(j\omega)| = \sqrt{1+T^2\omega^2}$$
$$\angle G(j\omega) = \arctan T\omega$$

因此，当 $\omega = 0\text{rad/s}$ 时，$\text{Re}(\omega)=1$，$\text{Im}(\omega)=0$，$|G(j\omega)|=1$，$\angle G(j\omega)=0°$；当 $\omega = 1/T$ 时，$\text{Re}(\omega)=1$，$\text{Im}(\omega)=1$，$|G(j\omega)|= 2^{1/2}$，$\angle G(j\omega)=45°$；当 $\omega = \infty$ 时，$\text{Re}(\omega)=1$，$\text{Im}(\omega)=\infty$，$|G(j\omega)|= \infty$，$\angle G(j\omega)=90°$。

由上述分析可知：当 ω 从 0 变化到 ∞ 时，$G(j\omega)$ 的幅值由从 1 变化到 ∞，其相位由 0° 变化到 90°。因此，一阶微分环节的奈奎斯特图为位于第一象限内、始于点 $(1, j0)$ 且平行于虚轴的直线，如图 7.8 所示。

6. 二阶振荡环节

二阶振荡环节的传递函数为

$$G(s) = \frac{\omega_n^2}{s^2 + 2\zeta\omega_n s + \omega_n^2}, \quad 0 < \zeta < 1$$

令 $T=1/\omega_n$，将其传递函数改写为

$$G(s) = \frac{1}{T^2 s^2 + 2\zeta T s + 1}$$

其频率特性函数为

$$
\begin{aligned}
G(j\omega) &= \frac{1}{T^2(j\omega)^2 + 2\zeta T(j\omega) + 1} \\
&= \frac{1-T^2\omega^2}{(1-T^2\omega^2)^2 + (2\zeta T\omega)^2} - j\frac{2\zeta T\omega}{(1-T^2\omega^2)^2 + (2\zeta T\omega)^2}
\end{aligned}
\tag{7.16}
$$

其实频特性、虚频特性、幅频特性及相频特性分别为

$$\text{Re}(\omega) = \frac{1-T^2\omega^2}{(1-T^2\omega^2)^2 + (2\zeta T\omega)^2}, \quad \text{Im}(\omega) = -\frac{2\zeta T\omega}{(1-T^2\omega^2)^2 + (2\zeta T\omega)^2}$$

$$|G(j\omega)| = \frac{1}{\sqrt{(1-T^2\omega^2)^2 + (2\zeta T\omega)^2}}, \quad \angle G(j\omega) = -\arctan\frac{2\zeta T\omega}{1-T^2\omega^2}$$

因此，当 $\omega = 0\text{rad/s}$ 时，$\text{Re}(\omega)=1$，$\text{Im}(\omega)=0$，$|G(j\omega)|=1$，$\angle G(j\omega)=0°$；当 $\omega = 1/T$ 时，$\text{Re}(\omega)=0$，$\text{Im}(\omega)=-1/(2\zeta)$，$|G(j\omega)|=1/(2\zeta)$，$\angle G(j\omega)=-90°$；当 $\omega = \infty$ 时，$\text{Re}(\omega)=0$，$\text{Im}(\omega)=0$，$|G(j\omega)|= 0$，$\angle G(j\omega)=-180°$。

由上述分析可知：如图 7.9 所示，二阶振荡系统的奈氏图始于点 $(1, j0)$，而终于点 $(0, j0)$，曲线与虚轴交点的频率是无阻尼自然频率 ω_n，此时的幅值为 $1/(2\zeta)$。当 ω 从 0 到 ∞ 变化时，$|G(j\omega)|$ 从 1 变为 0，$\angle G(j\omega)$ 从 0° 变为 $-180°$。

对于二阶振荡环节来说，在阻尼比 ζ 较小时，幅频特性 $|G(j\omega)|$ 在频率为 ω_r 处出现峰值，称其为谐振峰值 M_r，对应的频率 ω_r 称为谐振频率，为求得此频率，令

$$\left.\frac{\partial|G(j\omega)|}{\partial\omega}\right|_{\omega=\omega_r} = 0$$

将幅频特性代入上式可得谐振频率为

$$\omega_r = \frac{1}{T}\sqrt{1-2\zeta^2} = \omega_n\sqrt{1-2\zeta^2} \tag{7.17}$$

当 $1-2\zeta^2 \geqslant 0$，即 $0 < \zeta \leqslant 0.707$ 时，ω_r 才有意义，此时的谐振峰值为

$$M_r = \left|G(j\omega_r)\right| = \frac{1}{2\zeta\sqrt{1-\zeta^2}} \tag{7.18}$$

同时，将谐振频率代入二阶振荡环节的相频特性中，可得谐振峰值处的相位为

$$\angle G(j\omega_r) = -\arctan\frac{\sqrt{1-2\zeta^2}}{\zeta} \tag{7.19}$$

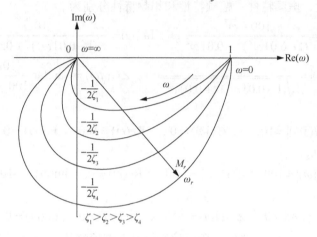

图 7.9　二阶振荡环节的奈氏图

7. 二阶微分环节

二阶微分环节的传递函数为

$$G(s) = T^2 s^2 + 2\zeta Ts + 1$$

式中，$T = \dfrac{1}{\omega_n}$，其频率特性函数为

$$G(j\omega) = T^2(j\omega)^2 + 2\zeta T(j\omega) + 1 \tag{7.20}$$

与前述各环节相类似，可获得二阶微分环节的奈氏图，如图 7.10 所示。

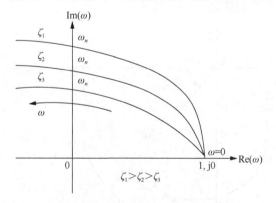

图 7.10　二阶微分环节的奈氏图

例 7.4　某系统传递函数如下所示，试绘制其奈氏图。

$$G(s) = \frac{100}{0.01s^2 + 0.1s + 1}$$

解： 经判断该传递函数所示系统为二阶振荡系统，且

$$T = 0.1, \quad \zeta = 0.5, \quad \omega_n = 10$$

令 $s = j\omega$，得其频率特性函数为

$$G(j\omega) = \frac{100}{1 + 0.1j\omega - 0.01\omega^2} = \frac{100 - \omega^2}{(1 - 0.01\omega^2)^2 + 0.01\omega^2} - j\frac{10\omega}{(1 - 0.01\omega^2)^2 + 0.01\omega^2}$$

因此可得其实频特性、虚频特性、幅频特性和相频特性分别为

$$\text{Re}(\omega) = \frac{100 - \omega^2}{(1 - 0.01\omega^2)^2 + 0.01\omega^2}, \qquad \text{Im}(\omega) = -\frac{10\omega}{(1 - 0.01\omega^2)^2 + 0.01\omega^2}$$

$$|G(j\omega)| = \frac{100}{\sqrt{(1 - 0.01\omega^2)^2 + 0.01\omega^2}}, \qquad \angle G(j\omega) = -\arctan\frac{10\omega}{100 - \omega^2}$$

当 $\omega = 0$ 时，有

$$|G(j\omega)| = 100, \quad \angle G(j\omega) = 0°, \quad \text{Re}(\omega) = 100, \quad \text{Im}(\omega) = 0$$

当 $\omega = \omega_n = 10\text{rad/s}$，有

$$|G(j\omega)| = 100, \quad \angle G(j\omega) = -90°, \quad \text{Re}(\omega) = 0, \quad \text{Im}(\omega) = -100$$

当 $\omega = \infty$ 时，有

$$|G(j\omega)| = 0, \quad \angle G(j\omega) = -180°, \quad \text{Re}(\omega) = 0, \quad \text{Im}(\omega) = 0$$

进一步分析可知，$\zeta = 0.5 < 0.707$，所以该系统存在谐振峰值 M_r。将 $\zeta = 0.5$ 代入式(7.17)可得其谐振频率为

$$\omega_r = \omega_n\sqrt{1 - 2\zeta^2} = 10\sqrt{1 - 2 \times 0.5^2} = 5\sqrt{2}$$

将求得的谐振频率 ω_r 代入式(7.18)和式(7.19)，可得谐振峰值及其对应的相位为

$$\begin{cases} M_r = |G(j\omega_r)| = \dfrac{k}{2\zeta\sqrt{1 - \zeta^2}} = \dfrac{100}{2\zeta\sqrt{1 - \zeta^2}} = 115 \\[3mm] \angle G(j\omega_r) = -\arctan\dfrac{\sqrt{1 - 2\zeta^2}}{\zeta} = -54.7° \end{cases}$$

综上所示，该系统的奈氏图如图 7.11 所示。

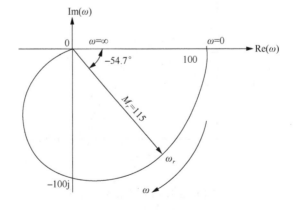

图 7.11　例 7.4 的奈氏图

7.2.3　伯德图

伯德图也称为对数频率特性图，由对数幅频特性图和对数相频特性图组成，分别描述了频率特性函数 $G(j\omega)$ 的幅值和相位随频率变化的情况。

对任意环节的频率特性函数取对数运算：

$$\ln G(j\omega) = \ln\left[\left|G(j\omega)\right| \cdot e^{j\varphi(\omega)}\right] = \ln\left|G(j\omega)\right| + j\varphi(\omega) \tag{7.21}$$

式中，实部 $\ln|G(j\omega)|$ 为对数幅频特性；虚部 $\varphi(\omega)$ 为对数相频特性。在实际应用中，经常采用以 10 为底的对数表示对数幅频特性：

$$L(\omega) = 20\lg\left|G(j\omega)\right| \tag{7.22}$$

$L(\omega)$ 的单位是分贝（decibel），用 dB 表示，分贝常用于表示信号功率的衰减程度，后来推广到表示两个数比值的大小，如果 N_1 和 N_2 之间满足

$$20\lg\frac{N_2}{N_1} = 1\text{dB}$$

则称 N_2 比 N_1 大 1dB。

伯德图的坐标轴如图 7.12 所示，其中，图 7.12（a）为对数幅频特性图的坐标轴，线性分度的纵坐标表示 $L(\omega)$ 的分贝值，对数分度的横坐标标注 ω 的值，但其大小为 $\lg\omega$，单位为弧度/秒；图 7.12（b）为对数相频特性图的坐标轴，线性分度的纵坐标表示 $\varphi(\omega)$，单位为度，对数分度的横坐标标注 ω 的值，但其大小为 $\lg\omega$，单位为弧度/秒。

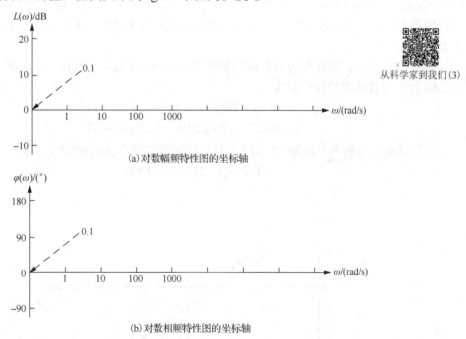

从科学家到我们(3)

(a) 对数幅频特性图的坐标轴

(b) 对数相频特性图的坐标轴

图 7.12　伯德图的坐标轴

1. 坐标分度

为了更好地理解伯德图的横轴坐标分度，如图 7.13 所示，以 0.2 和 2 为例，横坐标上标注的 0.2 和 2 为 ω 的大小，但实际的值为 $\lg0.2$ 和 $\lg2$；同理，横坐标上标注的 10 和 100 为 ω 的大小，但实际的值为 $\lg10$ 和 $\lg100$。这种分度方法可使伯德图的绘制更加简便且图形更加紧凑。

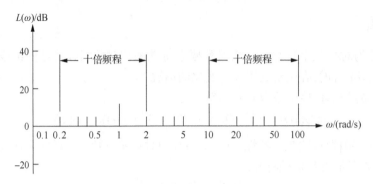

图 7.13 对数幅频特性图的坐标分度

若 $\lg\omega_2$ 与 $\lg\omega_1$ 之间的距离为 1，即 $\lg\omega_2 - \lg\omega_1 = 1$，则定义该距离为一个十倍频程。显而易见，$\lg2 - \lg0.2 = 1$，$\lg100 - \lg10 = 1$，即它们之间的距离都是一个十倍频程(decade)。十倍频程这一概念在随后的伯德图绘制中有着重要的作用。

2. 对数幅频特性渐近线的斜率

与奈氏图一样，可借助计算机实现对伯德图的绘制，那么，为什么还要学习手绘伯德图呢？这是因为通过对伯德图的手绘，有助于理解和掌握伯德图的原理及其应用。

手绘伯德图实际上绘制的是伯德图的渐近线，包括对数幅频特性 $L(\omega)$ 的渐近线绘制和对数相频特性 $\varphi(\omega)$ 的渐近线绘制。渐近线 $\varphi(\omega)$ 通常通过描点而得，而渐近线 $L(\omega)$ 则由线段连接而成，每一条线段对应一个环节。既然渐近线是由线段组成的，那么为了绘制这些线段，就需要首先知道每条线段的斜率。渐近线的斜率是由频率增高 10 倍时，$L(\omega)$ 变化的分贝数来表示的。

如图 7.14 所示，某环节的对数幅频特性为 $L(\omega) = -20\lg\omega$。当 ω 从 $\omega_1 = 1\text{rad/s}$ 变化为 $10\omega_1 = 10\text{rad/s}$ 时，对数幅频特性分别为

$$\begin{cases} L(\omega_1) = -20\lg\omega_1 \\ L(10\omega_1) = -20\lg10\omega_1 = -20\lg\omega_1 - 20 \end{cases}$$

显而易见，当频率 ω 增加 10 倍时，其对数幅频特性将衰减 -20dB，即

$$L(10\omega_1) - L(\omega_1) = -20\text{dB}$$

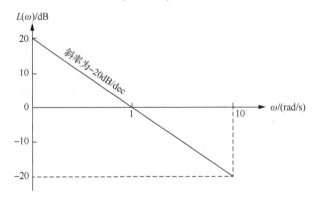

图 7.14 对数幅频特性渐近线的斜率

综上所述，对该环节来说，当频率增大 10 倍，即两个频率之间的距离为一个十倍频程时，其对数幅频特性 $L(\omega)$ 由 0dB 减小到-20dB，即 $L(\omega)$ 衰减了 20dB，因此该环节对数幅频特性

渐近线的斜率记作-20dB/dec，其中 dec 为 decade 的缩写。

伯德图采用半对数坐标，即 X 轴使用对数进行分度，而 Y 轴使用线性分度。这样做使得 X 轴($\lg\omega$)可表示比线性分度更大范围的频率(ω)。同时，由于 Y 轴的单位是分贝，即 $20\lg\omega$，这更易于表达幅频特性曲线的斜率。例如，如果$|G(j\omega)|$从 1 变化至 1000，而 $L(\omega) = 20\lg|G(j\omega)|$ 仅从 $20\lg1$ 变化至 $20\lg1000$，即仅变化了 60dB。换句话说，Y 轴的范围被缩小了。这样看来，整张图既做到了紧凑，也做到了清晰。

3. 对数幅频特性渐近线

设某环节的幅频特性为

$$|G(j\omega)| = \frac{5}{\sqrt{1+T^2\omega^2}}$$

因此，其对数幅频特性为

$$L(\omega) = 20\lg|G(j\omega)| = 20\left(\lg5 - \lg\sqrt{1+T^2\omega^2}\right)$$

为绘制该环节的渐近线 $L(\omega)$，需在不同的频率下进行分析和绘制。

(1) 当 $T\omega \ll 1$ 时，即低频段时，$L(\omega)$ 近似为

$$L(\omega) = 20\left(\lg5 - \lg\sqrt{1+T^2\omega^2}\right) \approx 20\left(\lg5 - \lg\sqrt{1}\right) = 20\lg5 = 14(\text{dB})$$

显然，这是一条斜率为 0dB/dec 的水平线，其与 X 轴的距离为 14dB，即无论频率 ω 在低频段内怎么变化，其对数幅频特性都不改变，恒为 14dB。

(2) 当 $T\omega \gg 1$ 时，即高频段时，$L(\omega)$ 近似为

$$L(\omega) = 20\left(\lg5 - \lg\sqrt{1+T^2\omega^2}\right) \approx 20\lg5 - 20\lg T\omega = 20\lg\frac{5}{T} - 20\lg\omega$$

显然，这是一条斜率为-20dB/dec 的直线。

综上，该环节的对数幅频特性渐近线 $L(\omega)$ 由一条与 X 轴的距离为 14dB 的水平线和一条斜率为-20dB/dec 的直线共同组成，两段直线的方程分别为 $L(\omega) = 20\lg5$ 和 $L(\omega) = 20\lg\frac{5}{T} - 20\lg\omega$。

4. 转角频率

相邻两段渐近线交点处的频率为转角频率，也就是斜率发生变化的频率。联立求解上述低频和高频两段渐近线的方程可得转角频率：

$$\begin{cases} L(\omega) = 20\lg5 \\ L(\omega) = 20\lg5 - 20\lg T\omega_T \end{cases}$$

解得

$$\omega_T = \frac{1}{T}$$

通常来说，转角频率是时间常数的倒数，即无阻尼自然频率。由于渐近线的斜率会在转角频率处发生突变，因此在绘制伯德图之前要首先确定各个转角频率，并将其在横轴上标注出来。

5. 幅值穿越频率

渐近线 $L(\omega)$ 与 X 轴交点处的频率为幅值穿越频率。联立求解上述高频段渐近线和 $L(\omega)=0$ 可得幅值穿越频率：

$$\begin{cases} L(\omega) = 20\lg 5 - 20\lg T\omega_C \\ L(\omega) = 0 \end{cases}$$

解得

$$\omega_C = \frac{5}{T}$$

6. 相位穿越频率

相位穿越频率为相频特性渐近线 $\varphi(\omega)$ 与 $-180°$ 线相交处的频率：

$$\varphi(\omega_g) = -180°$$

7.2.4　典型环节的伯德图

为了绘制伯德图，除了弄清楚上述一些基本概念之外，还需要提前绘制典型环节的伯德图，因为开环伯德图是由各典型环节的伯德图组成的。

1. 比例环节

比例环节的传递函数为

$$G(s) = K$$

其频率特性为

$$G(j\omega) = K$$

对数幅频特性为

$$20\lg |G(j\omega)| = 20\lg K \tag{7.23}$$

对数相频特性为

$$\varphi(\omega) = \angle G(j\omega) = 0° \tag{7.24}$$

根据式 (7.23) 和式 (7.24) 可知，比例环节的对数幅频特性渐近线 $L(\omega)$ 与频率无关，是一条与 ω 轴的距离为 $20\lg K\mathrm{dB}$ 的水平线，如图 7.15(a) 所示。其渐近线 $\varphi(\omega)$ 也是一条水平线，实际上就是 X 轴，如图 7.15(b) 所示。

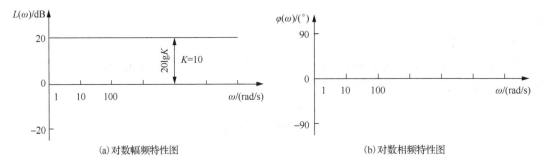

(a) 对数幅频特性图　　　　　　　　　　　　　(b) 对数相频特性图

图 7.15　比例环节伯德图

由图 7.15 可知，当 K 改变时，比例环节的渐近线 $L(\omega)$ 将沿着垂直方向上下移动，而渐近线 $\varphi(\omega)$ 则不会改变。

2. 积分环节

积分环节的传递函数为

$$G(s) = \frac{1}{s}$$

其频率特性为

$$G(\mathrm{j}\omega) = \frac{1}{\mathrm{j}\omega} = -\mathrm{j}\frac{1}{\omega}$$

对数幅频特性为

$$20\lg|G(\mathrm{j}\omega)| = 20\lg\frac{1}{\omega} = -20\lg\omega \tag{7.25}$$

对数相频特性为

$$\varphi(\omega) = \angle G(\mathrm{j}\omega) = -90° \tag{7.26}$$

由式 (7.25) 可知，当 $\omega = 0.1$ rad/s 时，$20\lg|G(\mathrm{j}\omega)|$ =-20lg0.1= 20dB，即点 A (0.1,20) 位于该渐近线 $L(\omega)$ 上；当 ω =1 rad/s 时，$20\lg|G(\mathrm{j}\omega)|$ =-20lg1=0dB，即 B (1,0) 位于渐近线 $L(\omega)$ 上，显而易见，ω = 1rad/s 是幅值穿越频率 ω_C；当 ω =10 rad/s 时，$20\lg|G(\mathrm{j}\omega)|$ = -20lg10=-20dB，即点 C (10, -20) 位于渐近线 $L(\omega)$ 上。由上述三点信息可知，当频率增加 10 倍时，渐近线 $L(\omega)$ 衰减 20dB，即积分环节的渐近线 $L(\omega)$ 是一条斜率为-20dB/dec 的斜线，且通过点 (1, 0)，如图 7.16 (a) 所示。

由式 (7.26) 可知，积分环节的渐近线 $\varphi(\omega)$ 是一条过点 (0, -90°) 且平行于 X 轴的水平线，如图 7.16 (b) 所示。

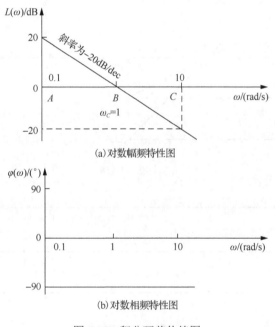

图 7.16　积分环节伯德图

对于多个积分环节而言，有

$$G(s) = \frac{1}{s^N}$$

其频率特性为

$$G(\mathrm{j}\omega) = \frac{1}{(\mathrm{j}\omega)^N}$$

对数幅频特性为

$$20\lg\left|G(\mathrm{j}\omega)\right| = 20\lg\frac{1}{\omega^N} = -20N\lg\omega$$

对数相频特性为

$$\varphi(\omega) = \angle G(\mathrm{j}\omega) = -90°N$$

因此，当 $\omega = 0.1\mathrm{rad/s}$ 时，$20\lg\left|G(\mathrm{j}\omega)\right| = -20N\lg0.1 = 20N\mathrm{dB}$，即点 $(0.1, 20N)$ 在渐近线 $L(\omega)$ 上；当 $\omega = 1\mathrm{rad/s}$ 时，$20\lg\left|G(\mathrm{j}\omega)\right| = -20N\lg1 = 0\mathrm{dB}$，即点 $A(1,0)$ 位于渐近线 $L(\omega)$ 上，且 $\omega = 1\mathrm{rad/s}$ 为幅值穿越频率 ω_C；当 $\omega = 10\mathrm{rad/s}$ 时，$20\lg\left|G(\mathrm{j}\omega)\right| = -20N\lg10 = -20N\mathrm{dB}$，即点 $(10, -20N)$ 位于渐近线 $L(\omega)$ 上，如图 7.17(a) 所示。

综上，多个积分环节的对数幅频特性渐近线是一条斜率为 -20N dB/dec 的斜线，且过点 $A(1,0)$，其渐近线 $\varphi(\omega)$ 是一条过点 $(0, -90°N)$ 且平行于 X 轴的水平线。如图 7.17(a) 所示，若 $N=2$，即两个积分环节的渐近线 $L(\omega)$ 是一条过点 $A(1,0)$ 且斜率为 -40 dB/dec 的斜线，其渐近线 $\varphi(\omega)$ 是一条过点 $(0, -180°)$ 且平行于 X 轴的水平线，如图 7.17(b) 所示。

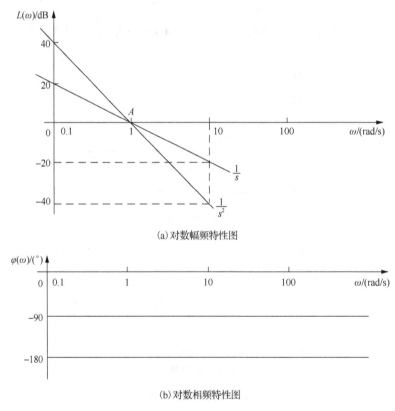

(a) 对数幅频特性图

(b) 对数相频特性图

图 7.17 多个积分环节串联的伯德图

例 7.5 某系统的传递函数如下：

$$G(s) = \frac{10}{s^2}$$

试绘制该系统的伯德图。

解：该系统的频率特性为

$$G(\mathrm{j}\omega) = \frac{10}{-\omega^2} \tag{7.27}$$

对数幅频特性为

$$L(\omega) = 20\lg\left|G(\mathrm{j}\omega)\right| = 20\lg\frac{10}{\omega^2} = 20 - 40\lg\omega \tag{7.28}$$

对数相频特性为

$$\varphi(\omega) = \angle G(\mathrm{j}\omega) = -180° \tag{7.29}$$

由式(7.28)可知，其渐近线 $L(\omega)$ 经过三个点，分别为 $A(0.1, 60)$、$B(1, 20)$、$C(10, -20)$，因此其斜率为-40 dB/dec，如图 7.18(a)所示。由式(7.29)可知，两个积分环节和比例环节串联形式的渐近线 $\varphi(\omega)$ 是一条过点 $(0, -180°)$ 且平行于 X 轴的水平线，如图 7.18(b)所示。

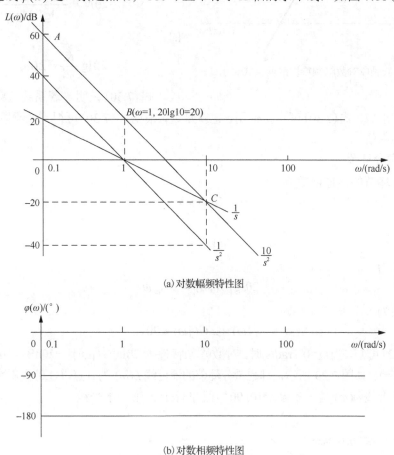

(a)对数幅频特性图

(b)对数相频特性图

图 7.18　两个积分环节和比例环节串联的伯德图

基于上述分析，可得出由积分环节和比例环节串联而成的伯德图绘制要领：

(1)对于单个积分环节来说，点(1,0)一定位于单个积分环节的渐近线 $L(\omega)$ 上，即当 $\omega = 1\mathrm{rad/s}$ 时，$L(\omega)=-20\lg 1 = 0$。所以单个积分环节的渐近线 $L(\omega)$ 为过点(1,0)且斜率为-20 dB/dec 的斜线。

(2)对于 N 个积分环节来说，$1/s^N$ 的渐近线 $L(\omega)$ 斜率是-20N dB/dec，所以 $1/s^N$ 的渐近线 $L(\omega)$ 为过点(1,0)且斜率为-20N dB/dec 的斜线。

(3)除积分环节，若分子中存在增益，即存在比例环节，则 K/s^N 的渐近线 $L(\omega)$ 过点$(1,20\lg K)$ 且斜率为-20N dB/dec 的斜线。换句话说，K/s^N 的渐近线 $L(\omega)$ 是 $1/s^N$ 的渐近线沿着垂直于 X

轴的方向平移 $20\lg K\,\mathrm{dB}$ 个单位。

(4) K/s^N 的渐近线 $\varphi(\omega)$ 是一条与 X 轴的距离为 $-90°N$ 的水平线。

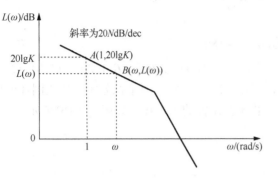

图 7.19 低频段对数幅频特性的两点式表示

由直线的两点式公式可得直线 AB 的斜率为

$$k = \frac{y_1 - y_2}{x_1 - x_2}$$

因此，对于图 7.19 中的点 A 和 B，可得

$$-20N = \frac{20\lg K - L(\omega)}{\lg 1 - \lg \omega}$$

即

$$20\lg \frac{K}{\omega^N} = L(\omega) \qquad (7.30)$$

式 (7.30) 说明，若系统低频段由积分环节和比例环节组成，式 (7.30) 可直接使用，也就是说，根据式 (7.30) 可得到低频段渐近线 $L(\omega)$ 上任意点的频率值。

3. 理想微分环节

理想微分环节的传递函数为

$$G(s) = s$$

其频率特性为

$$G(\mathrm{j}\omega) = \mathrm{j}\omega \qquad (7.31)$$

对数幅频特性为

$$20\lg |G(\mathrm{j}\omega)| = 20\lg \omega \qquad (7.32)$$

对数相频特性为

$$\varphi(\omega) = \angle G(\mathrm{j}\omega) = 90° \qquad (7.33)$$

由式 (7.32) 可知，当 $\omega = 0.1\mathrm{rad/s}$ 时，对数幅频特性为 $20\lg|G(\mathrm{j}\omega)| = -20\mathrm{dB}$，当 $\omega = 1\mathrm{rad/s}$ 时，为 $20\lg|G(\mathrm{j}\omega)| = 0$。如图 7.20 所示，理想微分环节的渐近线 $L(\omega)$ 为过点 $A(1,0)$ 且斜率是 $20\mathrm{dB/dec}$ 的斜线，其渐近线 $\varphi(\omega)$ 是一条过点 $(0,90°)$ 且平行于 X 轴的水平线。

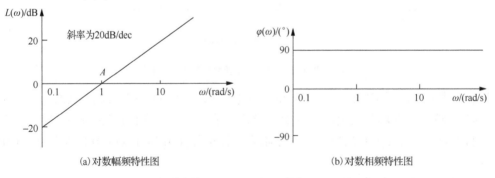

(a) 对数幅频特性图   (b) 对数相频特性图

图 7.20 理想微分环节伯德图

4. 惯性环节

惯性环节的传递函数为

$$G(s) = \frac{1}{Ts+1}$$

其频率特性为

$$G(j\omega) = \frac{1}{1+\omega^2 T^2} - \frac{T\omega}{1+\omega^2 T^2} \cdot j \tag{7.34}$$

幅频特性为

$$\left| G(j\omega) \right| = \sqrt{\left(\frac{1}{1+T^2\omega^2} \right)^2 + \left(\frac{T\omega}{1+T^2\omega^2} \right)^2} = \frac{1}{\sqrt{1+T^2\omega^2}} \tag{7.35a}$$

对数幅频特性为

$$L(\omega) = 20\lg \left| G(j\omega) \right| = -20\lg\sqrt{1+T^2\omega^2} \tag{7.35b}$$

对数相频特性为

$$\varphi(\omega) = \angle G(j\omega) = -\arctan T\omega \tag{7.36}$$

在低频段，即当 $\omega \ll 1/T$ 时，式(7.35b)近似为

$$L(\omega) = -20\lg\sqrt{1+T^2\omega^2} \approx -20\lg 1 \approx 0\text{dB} \tag{7.37}$$

即在低频段，惯性环节的渐近线 $L(\omega)$ 为一条与 X 轴重合的水平线。

在高频段，即当 $\omega \gg 1/T$ 时，式(7.35b)近似为

$$L(\omega) = -20\lg\sqrt{1+T^2\omega^2} \approx -20\lg \omega T \tag{7.38}$$

即在高频段，惯性环节的渐近线 $L(\omega)$ 是一条斜率为-20dB/dec 的斜线。

同时，高低频段对应的两条渐近线交点即转角频率 ω_T：

$$\begin{cases} L(\omega) = 20\lg \left| G(j\omega) \right| \approx 0 \\ L(\omega) = 20\lg \left| G(j\omega) \right| \approx -20\lg \omega_T T \end{cases}$$

解得

$$\omega_T = \frac{1}{T}$$

高频段渐近线 $L(\omega)$ 与 X 轴交点即幅值穿越频率 ω_C：

$$\begin{cases} L(\omega) = 0 \\ L(\omega) = 20\lg \left| G(j\omega) \right| \approx -20\lg \omega_C T \end{cases}$$

解得

$$\omega_C = \frac{1}{T}$$

根据上述分析过程，可绘制惯性环节的渐近线 $L(\omega)$，如图 7.21(a)所示。为绘制较为准确的渐近线，根据式(7.36)计算多个 ω 对应的 $\varphi(\omega)$，如表 7.1 所示，使用描点法即可绘制渐近线 $\varphi(\omega)$，如图 7.21(b)所示。

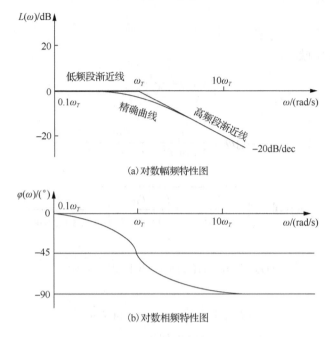

(a) 对数幅频特性图

(b) 对数相频特性图

图 7.21　惯性环节伯德图

表 7.1　ω 对应的 $\varphi(\omega)$

ω	$\dfrac{1}{10T}$	$\dfrac{1}{5T}$	$\dfrac{1}{2T}$	$\dfrac{1}{T}$	$\dfrac{2}{T}$	$\dfrac{5}{T}$	$\dfrac{10}{T}$
$\varphi(\omega)$	$-5.7°$	$-11.3°$	$-26.6°$	$-45°$	$-63.4°$	$-78.7°$	$-84.3°$

为获得相对精确的伯德图,可求出渐近线与准确曲线在转角频率处的误差,如图 7.22 所示,即当 $\omega=\omega_T$,渐近线与准确曲线的误差为

$$e = 20\lg|G(j\omega)|\big\|_{\omega=\omega_T} - 0 = 20\lg|G(j\omega_T)| - 0 = -20\lg\sqrt{1+T^2\frac{1}{T^2}} \approx -3$$

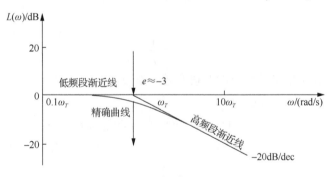

图 7.22　惯性环节渐近线的误差

5. 一阶微分环节

一阶微分环节的传递函数为

$$G(s) = Ts + 1$$

其频率特性为

$$G(j\omega) = 1 + T\omega j \tag{7.39}$$

幅频特性为

$$|G(j\omega)| = \sqrt{1 + T^2\omega^2} \tag{7.40a}$$

对数幅频特性为

$$L(\omega) = 20\lg|G(j\omega)| = 20\lg\sqrt{1 + T^2\omega^2} \tag{7.40b}$$

对数相频特性为

$$\varphi(\omega) = \angle G(j\omega) = \arctan T\omega \tag{7.41}$$

在低频段，即当 $\omega \ll 1/T$ 时， $L(\omega)$ 近似为

$$L(\omega) = 20\lg\sqrt{1 + T^2\omega^2} \approx 20\lg 1 \approx 0\text{dB} \tag{7.42}$$

在高频段，即当 $\omega \gg 1/T$ 时， $L(\omega)$ 近似为

$$L(\omega) = 20\lg\sqrt{1 + T^2\omega^2} \approx 20\lg\omega T \tag{7.43}$$

根据上述分析过程，可绘制一阶微分环节的 $L(\omega)$ 渐近线，如图 7.23（a）所示。为绘制较为准确的 $\varphi(\omega)$ 渐近线，根据式（7.41）计算多个 ω 对应的 $\varphi(\omega)$，使用描点法即可绘制 $\varphi(\omega)$ 渐近线，如图 7.23（b）所示。

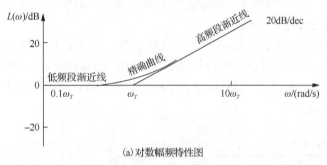

(a) 对数幅频特性图

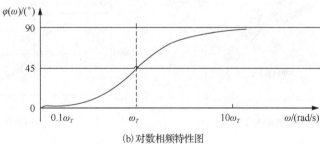

(b) 对数相频特性图

图 7.23 一阶微分环节伯德图

6. 二阶振荡环节

二阶振荡环节的传递函数为

$$G(s) = \frac{1}{T^2 s^2 + 2\zeta T s + 1}$$

其频率特性为

$$G(j\omega) = \frac{1 - T^2\omega^2}{(1 - T^2\omega^2)^2 + (2\zeta T\omega)^2} - j\frac{2\zeta T\omega}{(1 - T^2\omega^2)^2 + (2\zeta T\omega)^2} \tag{7.44}$$

幅频特性为

$$|G(j\omega)| = \frac{1}{\sqrt{(1-T^2\omega^2)^2 + (2\zeta T\omega)^2}} \tag{7.45a}$$

对数幅频特性为

$$L(\omega) = 20\lg|G(j\omega)| = -20\lg\sqrt{(1-T^2\omega^2)^2 + (2\zeta T\omega)^2} \tag{7.45b}$$

对数相频特性为

$$\varphi(\omega) = \angle G(j\omega) = -\arctan\frac{2\zeta T\omega}{1-T^2\omega^2} \tag{7.46}$$

由式(7.45b)和式(7.46)可知，二阶振荡环节的 $L(\omega)$ 和 $\varphi(\omega)$ 不仅与 ω 有关，也与阻尼比 ζ 有关。为了绘制其渐近线，可首先省略阻尼比 ζ，随后通过考虑 ζ 去修正渐近线。

对于低频段，即当 $\omega \ll 1/T$ 时，$L(\omega)$ 近似为

$$L(\omega) = -20\lg\sqrt{(1-T^2\omega^2)^2} \approx 0\text{dB} \tag{7.47}$$

显而易见，这是一条与 X 轴重合的水平线。

对于高频段，即当 $\omega \gg 1/T$ 时，$L(\omega)$ 近似为

$$L(\omega) = -20\lg\sqrt{(1-T^2\omega^2)^2} \approx -40\lg\omega T \tag{7.48}$$

这是一条斜率为-40dB/dec 的斜线。

由于二阶振荡环节的渐近线 $L(\omega)$ 的低频段是 X 轴，因此其转角频率 ω_T 和幅值穿越频率 ω_C 相同，均为 $1/T$。二阶振荡环节的渐近线 $L(\omega)$ 如图 7.24(a)所示。为绘制较为准确的二阶振荡环节渐近线 $\varphi(\omega)$，根据式(7.46)计算多个 ω 对应的 $\varphi(\omega)$，使用描点法即可绘制 $\varphi(\omega)$ 渐近线，如图 7.24(b)所示。

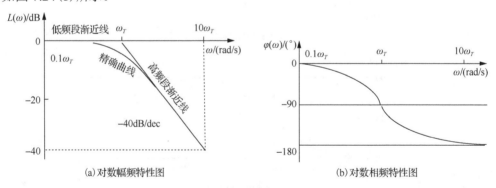

(a)对数幅频特性图　　　　　　　　　　(b)对数相频特性图

图 7.24　二阶振荡环节伯德图

下面在转角频率处考虑阻尼比，求出准确的对数相频特性曲线与渐近线的误差，依据此误差可对渐近线进行修正。如图 7.25 所示，当 $\omega = 1/T$，准确的对数相频特性曲线与渐近线的误差为

$$\Delta = -20\lg\sqrt{(1-T^2\omega^2)^2 + (2\zeta T\omega)^2} - 0 = -20\lg\sqrt{\left(1-T^2\frac{1}{T^2}\right)^2 + \left(2\zeta T\frac{1}{T}\right)^2} = -20\lg 2\zeta$$

7. 二阶微分环节

二阶微分环节的传递函数为

$$G(s) = T^2 s^2 + 2\zeta Ts + 1$$

其频率特性为

$$G(\mathrm{j}\omega) = T^2(\mathrm{j}\omega)^2 + 2\zeta T(\mathrm{j}\omega) + 1 \tag{7.49}$$

对数幅频特性为

$$L(\omega) = 20\lg\sqrt{(1 - T^2\omega^2)^2 + (2\zeta T\omega)^2} \tag{7.50}$$

对数相频特性为

$$\varphi(\omega) = \arctan\frac{2\zeta T\omega}{1 - T^2\omega^2} \tag{7.51}$$

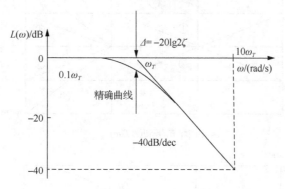

图 7.25　二阶振荡环节的准确曲线与渐近线之间的误差

　　二阶微分环节的伯德图如图 7.26 所示。由式 (7.45b) 和式 (7.50) 以及图 7.24 (a) 和图 7.26 (a) 可知，二阶振荡环节和二阶微分环节的渐近线 $L(\omega)$ 呈映射关系，同时，由式 (7.46) 和式 (7.51) 以及图 7.24 (b) 和图 7.26 (b) 可知，它们的渐近线 $\varphi(\omega)$ 也呈映射关系。

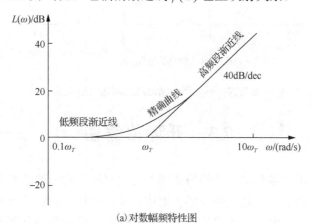

(a) 对数幅频特性图

(b) 对数相频特性图

图 7.26　二阶微分环节伯德图

图 7.27 给出了 7 种典型环节的伯德图，从中可发现这些环节之间的映射关系，例如，渐近线①和渐近线②是理想微分环节和积分环节，渐近线③和渐近线⑥是二阶微分环节和二阶振荡环节，渐近线④和渐近线⑤是一阶微分环节和惯性环节，上述三组环节均两两映射。⑦是比例环节，其中 $K=10$。渐近线的映射关系有助于理解不同环节的伯德图。

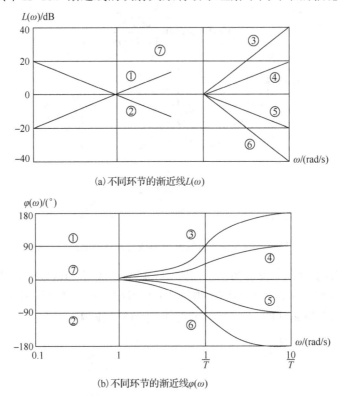

图 7.27   不同环节渐近线之间的映射关系

7.3   开环伯德图

为什么要绘制上述诸多典型环节的伯德图？各典型环节的伯德图究竟有何用处？这两个问题的共同答案是：为了绘制系统的开环伯德图。系统开环伯德图的直接绘制较为复杂，由于系统的开环形式通常是由各种典型环节组成的，因此，借助典型环节的伯德图，即可得到系统的开环伯德图。某控制系统时间常数形式的开环传递函数为

$$G(s)H(s) = \frac{K\prod_{i=1}^{m}(\tau_i s+1)\prod_{l=1}^{n}(\tau_l^2 s^2 + 2\zeta_l \tau_l s + 1)}{s^N \prod_{j=1}^{p}(T_j s+1)\prod_{k=1}^{q}(T_k^2 s^2 + 2\zeta_k T_k s + 1)} \tag{7.52}$$

式中，N 为积分环节的个数；p 为惯性环节的个数；q 为二阶振荡环节的个数；m 为一阶微分环节的个数；n 为二阶微分环节的个数。

因此，由式(7.52)可知，系统的开环传递函数是由一系列的典型环节组成的，其对数幅频特性为

$$L(\omega) = 20\lg K - N20\lg \omega - \sum_{j=1}^{p} 20\lg \sqrt{1 + T_j^2 \omega^2}$$

$$- \sum_{k=1}^{q} 20\lg \sqrt{(1 - T_k^2 \omega^2)^2 + (2\zeta_k T_k \omega)^2} \qquad (7.53)$$

$$+ \sum_{i=1}^{m} 20\lg \sqrt{1 + \tau_i^2 \omega^2} + \sum_{l=1}^{n} 20\lg \sqrt{(1 - \tau_l^2 \omega^2)^2 + (2\zeta_l \tau_l \omega)^2}$$

对数相频特性为

$$\varphi(\omega) = -N\frac{\pi}{2} - \sum_{j=1}^{p} \arctan T_j \omega - \sum_{k=1}^{q} \arctan \frac{2\zeta_k T_k \omega}{1 - T_k^2 \omega^2}$$

$$+ \sum_{i=1}^{m} \arctan \tau_i \omega + \sum_{l=1}^{n} \arctan \frac{2\zeta_l \tau_l \omega}{1 - \tau_l^2 \omega^2} \qquad (7.54)$$

因此，结合前述典型环节伯德图绘制的基本思路，可得绘制开环伯德图步骤如下。

(1) 将系统的开环传递函数转换为时间常数的形式，形如式(7.52)。

(2) 绘制坐标系，尤其要选择合适的 X 轴刻度。

(3) 根据开环传递函数时间常数形式，求出高频段各典型环节的转角频率 ω_T，并且按照由小到大的顺序将其标注在 X 轴上。

(4) 由开环增益 K 求出 $20\lg K$(dB)。事实上，可将开环增益 K 看作低频段的比例环节。

(5) 首先从由比例环节和积分环节构成的低频段开始，绘制开环伯德图的渐近线 $L(\omega)$。
对于低频段渐近线而言：

① 如果低频段只存在比例环节 K，则绘制一条距离 X 轴垂直距离为 $20\lg K$ 的水平线。

② 如果低频段只存在积分环节，则绘制一条斜率为 $-20N$ dB/dec，且经过点(1,0)点的斜线，其中，N 为积分环节的个数。

③ 如果低频段既存在比例环节，又存在积分环节，则绘制一条斜率为 $-20N$ dB/dec，且经过点($\omega=1$ rad/s, $20\lg K$)的斜线，其中，K 为代表比例环节的开环增益，N 为积分环节的个数。

对于高频段渐近线而言，渐近线会在其对应的每个典型环节的转角频率 ω_T 处发生转折，即渐近线的斜率在每个转角频率处发生变化：

① 对于惯性环节，渐近线的斜率将在其转角频率处改变为 $-20p$ dB/dec，p 为惯性环节个数。

② 对于二阶振荡环节，渐近线的斜率将在其转角频率处改变为 $-40q$ dB/dec，q 为二阶振荡环节个数。

③ 对于一阶微分环节，渐近线的斜率将在其转角频率处改变为 $20m$ dB/dec，m 为一阶微分环节个数。

④ 对于二阶微分环节，渐近线的斜率将在其转角频率处改变为 $40n$ dB/dec，n 为二阶微分环节个数。

(6) 为得到精确的 $L(\omega)$ 曲线，可对渐近线进行补偿与修正。

(7) 对于渐近线 $\varphi(\omega)$ 而言，可分别绘制每个环节的渐近线 $\varphi(\omega)$，并在相同频率处(尤其是转角频率处)进行叠加，以得到最终的渐近线 $\varphi(\omega)$。

控制理论与人生哲理(6)

例 7.6 某控制系统的开环传递函数如下：

$$G(s) = \frac{10(s+3)}{s(s+2)(s^2+s+2)}$$

请绘制该控制系统的开环伯德图。

解：首先将该系统的开环传递函数化为时间常数形式，即"+1"形式：

$$G(s) = \frac{7.5\left(\dfrac{s}{3}+1\right)}{s\left(\dfrac{1}{2}s+1\right)\left[\left(\dfrac{s}{\sqrt{2}}\right)^2+\dfrac{s}{2}+1\right]}$$

然后令 $s = j\omega$，得到该系统的频率特性：

$$G(j\omega) = \frac{7.5\left(\dfrac{j\omega}{3}+1\right)}{(j\omega)\left(\dfrac{j\omega}{2}+1\right)\left[\left(\dfrac{j\omega}{\sqrt{2}}\right)^2+\dfrac{j\omega}{2}+1\right]}$$

以及幅频特性：

$$\varphi(\omega) = -90° - \arctan\frac{\omega}{2} - \arctan\frac{\omega}{2-\omega^2} + \arctan\frac{\omega}{3}$$

对于比例环节 $K=7.5$ 而言，$20\lg K=17.5\mathrm{dB}$。该开环传递函数各典型环节的转角频率由小到大分别为 1.414rad/s（二阶振荡环节）、2rad/s（惯性环节）和 3rad/s（一阶微分环节）。在这里有个小提示：在确定 X 轴的刻度时，可参考转角频率的具体数值。若各典型环节的转角频率都比较接近，那么就可将每十倍频程的距离设计得大一些。

为了绘制由各典型环节连接而成的 $L(\omega)$ 图，除了要确定 $20\lg K$ 和各个转角频率之外，还应计算出各典型环节对应的渐近线与转角频率所在垂线（包括 Y 轴）的交点坐标，因为各典型环节在此发生转折，进入下一段典型环节。为此，选取一个点作为例子进行阐述。

参看图 7.28，根据式(7.30)，低频段与紧随其后的二阶振荡环节的转角频率(1.414rad/s)所在垂线的交点 B 的纵坐标为

$$L(\omega) = 20\lg\frac{K}{\omega^N} = 20\lg\frac{7.5}{1.414} = 14.5(\mathrm{dB})$$

或基于两点式公式可得

$$\frac{17.5-L(\omega)}{\lg 1-\lg 1.414} = -20$$

解得

$$L(\omega) = 14.5\mathrm{dB}$$

同理可得其他点，如 C、D、E、F 的坐标。需要注意的是，对于低频段（比例环节和积分环节）渐近线而言，可使用式(7.30)得到交点坐标，如点 A、B、C。但对于高频段渐近线而言，必须使用两点公式而不是式(7.30)来求各个交点坐标，如点 D、E、F。

综上，该系统的 $L(\omega)$ 渐近线如图 7.28 所示。

对于 $\varphi(\omega)$ 而言，可分别绘制各个典型环节的 $\varphi(\omega)$ 渐近线，并将它们在相同频率处进行叠加，如表 7.2 所示，以获得最终的 $\varphi(\omega)$ 渐近线。如图 7.29 所示，$\varphi_1(\omega)$、$\varphi_2(\omega)$、$\varphi_3(\omega)$、$\varphi_4(\omega)$、$\varphi_5(\omega)$ 分别为比例环节、积分环节、二阶振荡环节、惯性环节和一阶微分环节的对数相频特性渐近线，$\varphi(\omega)$ 则是整个开环系统的相频特性渐近线。

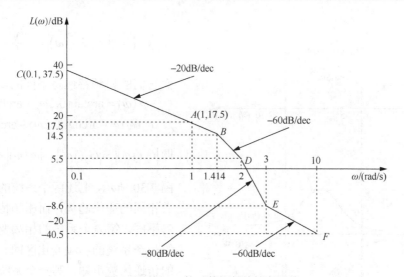

图 7.28　例 7.6 的对数幅频特性渐近线

表 7.2　例 7.6 中 ω 对应的 $\varphi(\omega)$

ω/ (rad/s)	0	0.5	1	1.5	2	4	8
$\varphi(\omega)$ / (°)	−90	−110.5	−143.1	−180.8	−241.6	−264.4	−268.7

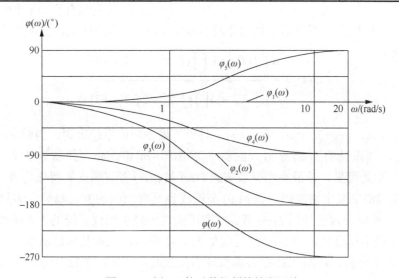

图 7.29　例 7.6 的对数相频特性渐近线

7.4　最小相位系统

　　在之前的例子中，传递函数的极点和零点均位于 s 平面的左侧，但零极点位于 s 平面右侧的情况也是存在的。一般来说，将闭环传递函数的零极点均位于 s 平面左侧的系统称为最小相位系统，下面将通过一个例子对其进行说明。某两个系统的传递函数如下：

$$G_1(s) = \frac{10(0.2s+1)}{0.1s+1}, \qquad G_2(s) = \frac{10(0.2s-1)}{0.1s+1}$$

将 $s = \mathrm{j}\omega$ 分别代入上面两式中发现，两个系统的幅频特性是相同的：

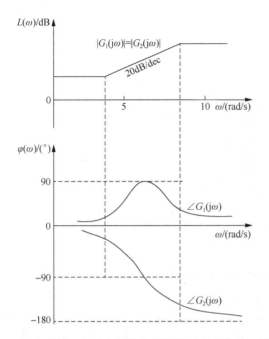

图 7.30　幅频特性具有相同变化趋势的两个系统的伯德图

控制理论与人生哲理(7)

$$|G_1(j\omega)| = |G_2(j\omega)| = \frac{10\sqrt{1+(0.2\omega)^2}}{\sqrt{1+(0.1\omega)^2}}$$

而它们的相频特性是不同的，分别为

$$\varphi_1(\omega) = \arctan(0.2\omega) - \arctan(0.1\omega)$$
$$\varphi_2(\omega) = -\arctan(0.2\omega) - \arctan(0.1\omega)$$

即 $|G_1(j\omega)| = |G_2(j\omega)|$，$|\varphi_1(\omega)| < |\varphi_2(\omega)|$，如

图 7.30 所示，上述两个系统的幅频特性有着相同的变化趋势，而相频特性的变化趋势不同，第二个系统的相频变化区间大于第一个系统的相频变化区间。由两个系统的传递函数可知，第一个系统的零极点均位于 s 平面的左侧，而第二个系统有位于 s 平面右侧的零点。

若某系统的所有零点和极点均位于 s 平面左侧，则该系统称为最小相位系统。反之，若某系统有位于 s 平面右侧的零点或极点，则该系统称为非最小相位系统。令某最小相位系统传递函数如下：

$$G(s) = \frac{K\prod\limits_{k=1}^{p}(T_k s+1)\prod\limits_{l=1}^{q}(T_l^2 s^2 + 2\zeta_l T_l s+1)}{s^v\prod\limits_{i=1}^{g}(T_i s+1)\prod\limits_{j=1}^{h}(T_j^2 s^2 + 2\zeta_j T_j s+1)}$$

式中，令 $p+2q = m$，$v+g+2h = n$，则 $n \geq m$。对于该最小相位系统来说，当频率 ω 趋近于无穷大(高频段)时，该系统的 $L(\omega)$ 渐近线的斜率为 $-20(n-m)$ dB/dec，其 $\varphi(\omega)$ 渐近线为 $\varphi(\infty) = -90°(n-m)$。由此可见，该最小相位系统的 $L(\omega)$ 与 $\varphi(\omega)$ 有着相同的变化趋势。换句话说，当 $L(\omega)$ 渐近线的斜率发生增减时，其 $\varphi(\omega)$ 渐近线也具有相同的变化趋势。因此，若已知该系统为最小相位系统，则仅使用 $L(\omega)$ 渐近线即可确定该最小相位系统的传递函数。

例 7.7　某最小相位系统的 $L(\omega)$ 渐近线如图 7.31 所示，试求其传递函数。

解：为了便于分析，将图 7.31 中各典型环节依次编号，如图 7.32 所示，显而易见，该最小相位系统由一个比例环节①、一个一阶微分环节④、两个惯性环节②和③组成，设其传递函数为

$$G(s) = \frac{K(T_3 s+1)}{(T_1 s+1)(T_2 s+1)}$$

对于比例环节①而言，由于 $20\lg K=12$，所以 $K=4$。

对于惯性环节②而言，其时间常数为转角频率的倒数，即

$$T_1 = \frac{1}{0.05} = 20$$

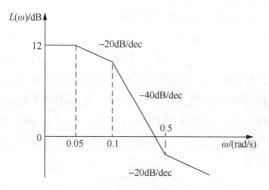

图 7.31　例 7.7 的对数幅频特性渐近线　　　　　　图 7.32　对各环节的编号

对于惯性环节③而言，其时间常数为转角频率的倒数，即

$$T_2 = \frac{1}{0.1} = 10$$

对于一阶微分环节④而言，其时间常数为转角频率的倒数，即

$$T_3 = \frac{1}{0.5} = 2$$

综上可得该最小相位系统的传递函数为

$$G(s) = \frac{4(2s+1)}{(20s+1)(10s+1)}$$

对于该系统而言，由于其为最小相位系统，即该系统在 s 平面右侧并无极点和零点，因此，在仅给出 $L(\omega)$ 渐近线的情况下，可假设该最小相位系统的传递函数为

$$G(s) = \frac{K(T_3s+1)}{(T_1s+1)(T_2s+1)}$$

而不是

$$G(s) = \frac{K(T_3s-1)}{(T_1s-1)(T_2s+1)}$$

也不是

$$G(s) = \frac{K(T_3s+1)}{(T_1s-1)(T_2s-1)}$$

7.5　奈奎斯特稳定判据

　　奈奎斯特稳定判据是频域几何判据，即利用开环奈奎斯特图来判断闭环系统的稳定性。该判据不用求解闭环系统的特征根，而是通过开环频率特性 $G(\mathrm{j}\omega)H(\mathrm{j}\omega)$ 来判断闭环系统的稳定性。同时，该判据不仅可判断系统稳定性，还可判断系统的相对稳定性，即稳定裕度。

7.5.1　判据的使用

　　某闭环系统方框图如图 7.33 所示，其闭环传递函数为

$$\frac{Y(s)}{X(s)} = \frac{G(s)}{1+G(s)H(s)}$$

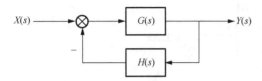

图 7.33　闭环系统的传递函数方框图

奈奎斯特稳定判据阐述如下：

对其开环频率特性 $G(j\omega)H(j\omega)$ 而言，当 ω 从 $-\infty$ 变化至 $+\infty$ 时，其闭环奈奎斯特曲线逆时针方向包围点 $(-1, j0)$ 的环绕圈数为 N，该系统位于 s 平面右侧的开环极点数为 P。若 $N=P$，则该闭环系统是稳定的。由于奈奎斯特图是对称的，所以若 ω 从 $-\infty$ 变化至 0 或者从 0 变化至 $+\infty$，$2N=P$，则该闭环系统也是稳定的。需要注意的是，N 有正负之分，若闭环奈奎斯特曲线逆时针包围点 $(-1, j0)$，N 为正；否则，N 为负。

例 7.8　某系统的开环奈奎斯特图如图 7.34 所示，其开环传递函数为

$$G(s)H(s) = \frac{15s^2 + 9s + 1}{(s-1)(2s-1)(3s+1)}$$

试根据奈奎斯特稳定判据判断该系统的闭环稳定性。

解：由该系统的开环传递函数可知，该系统在 s 平面右侧有 2 个开环极点，即 $P=2$。当 ω 从 $-\infty$ 变化至 $+\infty$ 时，闭环奈奎斯特曲线以逆时针方向围绕点 $(-1, j0)$ 的圈数为 2，即 $N=2$。综上，$N=P$，所以该闭环系统是稳定的。

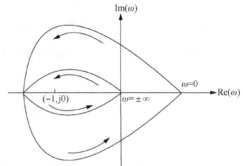

图 7.34　例 7.8 的开环奈奎斯特图

例 7.9　单位负反馈系统的开环奈奎斯特图如图 7.35 所示，图中给出了开环不稳定特征根的数量 P。试判断系统的闭环稳定性。

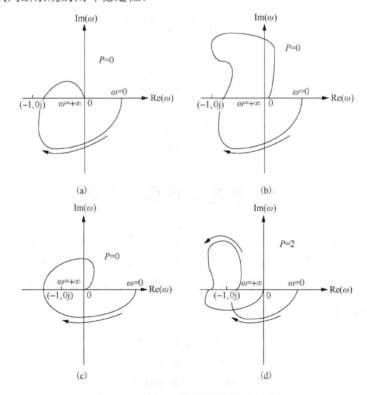

图 7.35　例 7.9 的开环奈奎斯特图

解：（1）图 7.35（a）中，$N=0$，$P=0$，$P=2N$，所以闭环系统是稳定的。

（2）图 7.35（b）中，$N=0$，$P=0$，$P=2N$，所以闭环系统是稳定的。

（3）图 7.35（c）中，$P=0$，且当 ω 从 0 变化至 $+\infty$ 时，$N=-1$。考虑到奈奎斯特曲线的对称性，所以当 ω 从 $-\infty$ 变化至 $+\infty$ 时，$P\neq2N$，即闭环系统是不稳定的。

（4）图 7.35（d）中，$P=2$，且当 ω 从 0 变化至 $+\infty$ 时，$N=1$。考虑到奈奎斯特曲线的对称性，所以当 ω 从 $-\infty$ 变化至 $+\infty$ 时，$P=2N$，即闭环系统是稳定的。

由于最小相位系统不存在位于 s 平面右侧的开环极点，即 P 总是等于 0（也可理解为开环稳定），因此对于最小相位系统来说，其闭环稳定的充要条件为 $N=0$，即其奈奎斯特曲线不包围点 $(-1, j0)$，如图 7.36（a）所示。若最小相位系统的开环奈奎斯特曲线穿过点 $(-1, j0)$，如图 7.36（b）所示，则表明该最小相位系统闭环临界稳定。若最小相位系统的开环奈奎斯特曲线包围点 $(-1, j0)$，如图 7.36（c）所示，则表明该最小相位系统闭环不稳定。

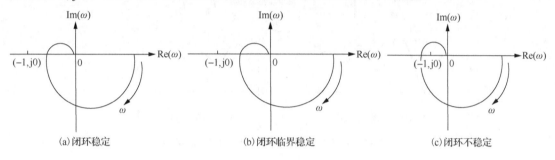

图 7.36　最小相位系统的开环奈奎斯特图

7.5.2　稳定裕度

为了判断某线性控制系统是否稳定，可使用将在第 8 章讲述的 Routh 稳定判据。在工程实际中，在已经得知系统稳定的前提下，有时还需要确定该系统有多稳定，即系统的稳定程度，Routh 稳定判据是无法判断系统稳定程度的。由 7.5.1 节可知，开环奈奎斯特曲线与点 $(-1, j0)$ 之间的距离似乎与闭环系统的稳定程度有关，即系统的开环奈奎斯特曲线距离点 $(-1, j0)$ 越远，闭环系统越稳定；反之，系统的开环奈奎斯特曲线距离点 $(-1, j0)$ 越近，闭环系统越不稳定。

1. 稳定裕度概述

下面在开环右侧极点数为零，即 $P=0$ 的情况下引入稳定裕度的概念。如图 7.37（a）所示，当开环奈奎斯特曲线围绕点 $(-1, j0)$ 时，$N\neq0$，由于 $P=0$，因此闭环系统是不稳定的，其单位阶跃响应图也是不收敛的。如图 7.37（b）所示，当开环奈奎斯特曲线穿越点 $(-1, j0)$ 时，系统处于临界状态，此时其单位阶跃响应为等幅振荡。如图 7.37（c）和（d）所示，当开环奈奎斯特曲线不围绕点 $(-1, j0)$ 时，$N=0$，由于 $P=0$，因此闭环系统是稳定的，其单位阶跃响应也是收敛的。

对于图 7.37（c）和（d）来说，尽管两个系统都是稳定的，但它们的开环奈奎斯特曲线与点 $(-1, j0)$ 之间的距离是不同的，图 7.37（d）的这段距离更大。由图 7.37（c）和（d）的单位阶跃响应曲线来看，图 7.37（d）的振幅更小，说明其对应的系统更稳定。因此可知，开环奈奎斯特曲线与点 $(-1, j0)$ 之间的距离越大，对应的闭环系统越稳定。这就是相对稳定性，也称为稳定裕度。

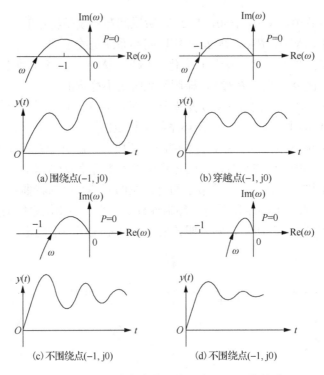

图 7.37　开环奈奎斯特曲线和点 (-1, j0) 的关系

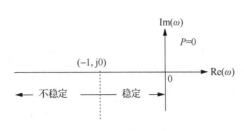

图 7.38　点 (-1, j0) 与系统的相对稳定性

如图 7.38 所示，当 $P=0$ 时，且开环奈奎斯特曲线穿越 (-1, j0) 左侧实轴时，$N \neq 0$，闭环系统是不稳定的，而且，开环奈奎斯特曲线距离点 (-1, j0) 越远，其闭环系统的稳定性就越差。当开环奈奎斯特曲线穿越点 (-1, j0) 右侧实轴时，$N=0$，闭环系统是稳定的，而且，开环奈奎斯特曲线距离 (-1, j0) 越远，其闭环系统就越稳定。

2. 稳定裕度的奈奎斯特图表示

如图 7.39 所示，奈奎斯特图与伯德图之间的对应关系如下。

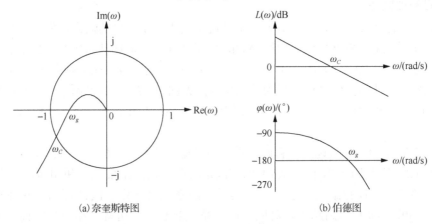

图 7.39　奈奎斯特图与伯德图的对应关系

(1) 奈奎斯特图的单位圆与伯德图对数幅频特性曲线 $L(\omega)$ 的 ω 轴等效。

对于奈奎斯特图而言，单位圆的幅值 $|G(\mathrm{j}\omega)H(\mathrm{j}\omega)|$ 为 1，而 $20\lg|G(\mathrm{j}\omega)H(\mathrm{j}\omega)|=20\lg1=0\mathrm{dB}$，这恰好是伯德图中的 ω 轴。所以，奈奎斯特图与单位圆交点处的频率即为伯德图中 $L(\omega)$ 渐近线与 ω 轴交点处的频率，即幅值穿越频率 ω_C。

(2) 奈奎斯特图的负实轴与伯德图相频特性曲线 $\varphi(\omega)$ 的 -180° 直线等效。

奈奎斯特图的负实轴代表 -180° 直线，所以，奈奎斯特图与负实轴交点处的频率即为伯德图中相频特性渐近线与 -180° 直线交点处的频率，即相位穿越频率 ω_g。

下面给出用于衡量系统相对稳定性的两个重要指标：相位裕度 γ 和幅值裕度 $K_g(\mathrm{dB})$。

(1) 相位裕度 γ。

如图 7.40(a) 或 (b) 所示，奈奎斯特图中单位圆与奈奎斯特曲线相交于点 A，连接原点 O 与 A，得到直线 OA。直线 OA 与奈奎斯特图中负实轴之间的夹角即为相位裕度 γ：

$$\gamma = \varphi(\omega_C) - (-180°) = \varphi(\omega_C) + 180° \tag{7.55}$$

式中，ω_C 为幅值穿越频率。

(2) 幅值裕度 $K_g(\mathrm{dB})$。

如图 7.40(a) 或 (b) 所示，奈奎斯特曲线与负实轴相交于点 Q，该点处的频率为相位穿越频率 ω_g，则点 Q 的幅值为 $|G(\mathrm{j}\omega_g)H(\mathrm{j}\omega_g)|$。引入幅值裕度 $K_g(\mathrm{dB})$：

$$K_g(\mathrm{dB}) = -20\lg\left|G(\mathrm{j}\omega_g)H(\mathrm{j}\omega_g)\right| \tag{7.56}$$

对于闭环系统 (假设其开环稳定) 来说，如果 $\gamma > 0$，$K_g(\mathrm{dB}) > 0$，则该闭环系统是稳定的，如图 7.40(a) 所示，且这两个值越大，闭环系统越稳定；如果 $\gamma < 0$，$K_g(\mathrm{dB}) < 0$，则该闭环系统是不稳定的，如图 7.40(b) 所示。尽管稳定裕度越大，系统的稳定性越好，但过高的稳定裕度会影响系统的其他性能，如响应速度。因此，在工程实际中，通常选定的稳定裕度为 $K_g(\mathrm{dB}) = 6 \sim 20\mathrm{dB}$，$\gamma = 30° \sim 60°$。

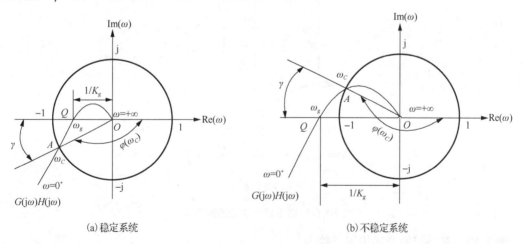

图 7.40　稳定裕度的奈奎斯特图表示

3. 稳定裕度的伯德图表示

(1) 稳定系统。

对于稳定系统来说，相位裕度和幅值裕度皆为正数。所以在伯德图中，相位裕度 γ 位于直线 -180° 之上，并且 $K_g(\mathrm{dB})$ 位于 ω 轴之下，如图 7.41(a) 所示。

(2) 不稳定系统。

对于不稳定系统来说，相位裕度和幅值裕度皆为负数，所以在伯德图中，相位裕度 γ 位于直线 -180° 之下，并且 $K_g(\mathrm{dB})$ 位于 ω 轴之上，如图 7.41(b) 所示。

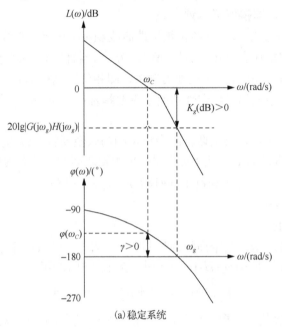

(a) 稳定系统

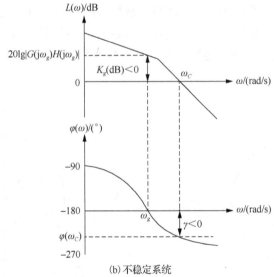

(b) 不稳定系统

图 7.41　稳定裕度的伯德图表示

例 7.10　某系统的开环传递函数为

$$G(s)H(s) = \frac{20}{s(0.2s+1)}$$

试求该系统的幅值裕度 $K_g(\mathrm{dB})$ 和相位裕度 γ。

解： 该系统的开环频率特性为

$$G(\mathrm{j}\omega)H(\mathrm{j}\omega) = \frac{20}{\mathrm{j}\omega(1 + 0.2\mathrm{j}\omega)} \tag{7.57}$$

其幅频特性为

$$|G(\mathrm{j}\omega)H(\mathrm{j}\omega)| = \frac{20}{\omega\sqrt{1 + 0.04\omega^2}} \tag{7.58}$$

相频特性为

$$\angle G(\mathrm{j}\omega)H(\mathrm{j}\omega) = -90° - \arctan 0.2\omega \tag{7.59}$$

因此，根据式 (7.55) 和式 (7.56)，可得

$$\gamma = \varphi(\omega_C) + 180° = -90° - \arctan 0.2\omega_C + 180° \tag{7.60a}$$

$$K_g = -20\lg|G(\mathrm{j}\omega_g)H(\mathrm{j}\omega_g)| = -20\lg\frac{K}{\omega_g\sqrt{1 + 0.04\omega_g^2}} \tag{7.60b}$$

因为

$$\angle G(\mathrm{j}\omega_g)H(\mathrm{j}\omega_g) = -180°$$

所以将式 (7.59) 代入上式可得

$$\angle G(\mathrm{j}\omega_g)H(\mathrm{j}\omega_g) = -90° - \arctan 0.2\omega_g = -180° \tag{7.61}$$

解得

$$\omega_g = \infty$$

又因为

$$|G(\mathrm{j}\omega_C)H(\mathrm{j}\omega_C)| = 1$$

所以将式 (7.58) 代入上式可得

$$|G(\mathrm{j}\omega_C)H(\mathrm{j}\omega_C)| = \frac{K}{\omega_C\sqrt{1 + 0.04\omega_C^2}} = 1 \tag{7.62}$$

解得

$$\omega_C = 9.35$$

最终，将 ω_C 和 ω_g 代入式 (7.60a) 和式 (7.60b)，即可求得该系统的稳定裕度：

工程师必备工程素养 (3)

$$\begin{cases} \gamma = \varphi(\omega_C) + 180° = -90° - \arctan 0.2\omega_C + 180° = 28.14° \\ K_g = -20\lg|G(\mathrm{j}\omega_g)H(\mathrm{j}\omega_g)| = -20\lg\dfrac{20}{\omega_g\sqrt{1 + 0.04\omega_g^2}} = \infty\mathrm{dB} \end{cases}$$

本 章 习 题

7.1　某系统的闭环传递函数为

$$\frac{Y(s)}{X(s)} = \frac{10}{0.5s + 1}$$

当输入信号为 $x(t) = X\sin(\omega t)$，且输入信号的频率 f 以及振幅 X 分别为 1Hz 和 10 时，求该系统的输出响应 $y(t)$（提示：$\omega = 2\pi f$）。

7.2　试画出如下所示开环传递函数的伯德图：

$$G(s)=\frac{1250(s+2)}{s^2(s^2+6s+25)}$$

7.3　某系统开环传递函数为

$$G(s)H(s)=\frac{20}{s(0.5s+1)}$$

试求其幅值裕度 $K_g(\mathrm{dB})$ 和相位裕度 γ。

7.4　最小相位系统的 $L(\omega)$ 性渐近线如图 7.42 所示，试求其开环传递函数。

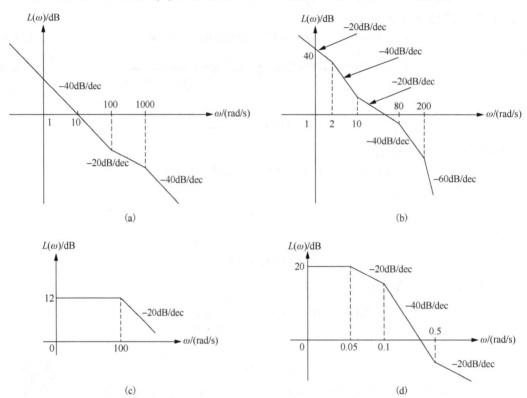

图 7.42　习题 7.4 的 $L(\omega)$ 渐近线

第8章 稳定性分析

系统的稳定性对线性控制系统的分析和设计至关重要。本章先从稳定性概念入手，然后给出系统稳定的充要条件，最后在给出使用劳斯稳定判据判断系统稳定的方法，特别是在特殊情况下劳斯稳定判据的有效使用。

8.1 概　　述

一般来说，如果某系统的响应是有界的(收敛的)，那么该系统就是稳定的。相反，如果系统的响应是发散的，则该系统是不稳定的。

如果某系统的闭环极点均位于 s 左半平面内，则该系统是稳定的，换句话说，当闭环传递函数的所有极点都具有负实部时，该系统是稳定的。例如，某系统的闭环极点位于左半平面的负实轴上，如图 8.1(a) 所示，那么其响应曲线为收敛的，图 8.1(b) 所示。

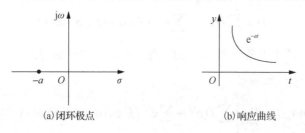

(a)闭环极点　　　　　　　　　(b)响应曲线

图 8.1　稳定系统

稳定系统的响应曲线既可是振荡收敛的，也可是单调收敛的。如图 8.2(a) 所示的两条曲线，曲线 1 表示振荡收敛，曲线 2 表示单调收敛，这两张图对应的系统都是稳定的。不稳定系统的响应曲线既可以是等幅振荡的，也可以是发散振荡的。如图 8.2(b) 所示的两条曲线，曲线 1 表示等幅振荡，曲线 2 表示发散振荡，这两张图对应的系统都是不稳定的。

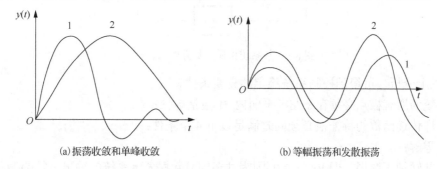

(a)振荡收敛和单峰收敛　　　　　　　(b)等幅振荡和发散振荡

图 8.2　不同系统的振荡形式

如果系统是稳定的，其稳定性可定性地描述为：

(1)在扰动信号作用下，系统输出可达到新的稳定状态；

(2)在扰动信号消失后，系统输出可恢复到初始平衡状态。

8.2　系统稳定的条件

某线性控制系统在零初始条件下受到单位脉冲输入信号的作用，若其输出 $x_o(t)$ 满足

$$\lim_{t\to\infty} x_o(t) = 0 \tag{8.1}$$

则系统是稳定的；否则，若其输出 $x_o(t)$ 满足

$$\lim_{t\to\infty} x_o(t) = \infty \tag{8.2}$$

则系统是不稳定的。

设如图 8.3 所示系统的闭环传递函数为

$$\frac{X_o(s)}{X_i(s)} = \frac{G_1(s)G_2(s)}{1+G_1(s)G_2(s)H(s)} = \frac{b_m s^m + b_{m-1}s^{m-1} + \cdots + b_1 s + b_0}{a_n s^n + a_{n-1}s^{n-1} + \cdots + a_1 s + a_0} \tag{8.3}$$

将单位脉冲输入的拉氏变换 $X_i(s)=1$ 代入式(8.3)，则输出 $X_o(s)$ 为

$$X_o(s) = \frac{G_1(s)G_2(s)}{1+G_1(s)G_2(s)H(s)} = \frac{b_m s^m + b_{m-1}s^{m-1} + \cdots + b_1 s + b_0}{a_n s^n + a_{n-1}s^{n-1} + \cdots + a_1 s + a_0}$$

对其进行拉氏逆变换可得

$$x_o(t) = \sum_{i=1}^{k} D_i \mathrm{e}^{s_i t} + \sum_{j=1}^{r} \mathrm{e}^{\delta_j t}(E_j \cos\omega_j t + F_j \sin\omega_j t) \tag{8.4}$$

式中，s_i 是实数极点；δ_j 是共轭复数极点的实部。若系统在受到脉冲输入后，经过一段时间，又重回稳定状态，则 $x_o(t)$ 应满足

$$\lim_{t\to\infty} x_o(t) = \lim_{t\to\infty}\left[\sum_{i=1}^{k} D_i \mathrm{e}^{s_i t} + \sum_{j=1}^{r} \mathrm{e}^{\delta_j t}(E_j \cos\omega_j t + F_j \sin\omega_j t)\right] = 0 \tag{8.5}$$

换言之，式(8.5)若存在，实数极点 s_i 和共轭复数极点实部 δ_j 应同时满足：$s_i<0$，$\delta_j<0$。

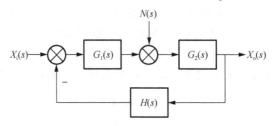

图 8.3　某系统传递函数方框图(一)

通过以上分析，可得到控制系统稳定的充要条件。

(1)系统的所有极点必须在 s 左半平面内(不包括虚轴)。

(2)闭环传递函数的特征根必须同时满足以下 4 个条件：

① 无零解；

② 无共轭纯复数根，即 $\mathrm{Re}(s)=0$(因为共轭纯复数根表示系统的输出是等幅振荡)；

③ 所有实根必须为负；

④ 共轭复数根的所有实部必须为负。

上述两种表述的含义或实质是一样的，取其中一种表述进行判断即可。下面以某单位负反馈系统的开环传递函数为例：

$$G(s) = \frac{k}{s(Ts+1)}$$

式中，$T > 0$，$k > 0$，且 $1 - 4Tk < 0$。该系统的闭环传递函数为

$$\Phi(s) = \frac{G(s)}{1+G(s)} = \frac{k}{Ts^2 + s + k}$$

特征方程为

$$Ts^2 + s + k = 0$$

其特征根为

$$s_{1,2} = \frac{-1 \pm \sqrt{1-4Tk}}{2T} = -\frac{1}{2T} \pm \frac{\sqrt{4Tk-1}}{2T}\mathrm{j}, \qquad 1-4Tk < 0$$

由于 $T > 0$，因此，上述两个特征根的实部均为负，即该闭环系统是稳定的。

8.3　劳斯稳定判据

由 8.2 节可知：为判别控制系统的稳定性，需要求解闭环传递函数的极点。这对于简单特征方程是可行的，但如果特征方程复杂，就不是很恰当了。本节的劳斯稳定判据是一种无须求解特征方程就能判别系统稳定性的方法。

8.3.1　劳斯稳定判据的前提条件

首先给出劳斯稳定判据的前提条件。式(8.3)所示系统的特征方程为

$$a_n s^n + a_{n-1} s^{n-1} + \cdots + a_1 s + a_0 = 0 \tag{8.6}$$

那么，使用劳斯稳定判据的前提条件是：

(1)特征方程所有项的系数，即 $a_n, a_{n-1}, \cdots, a_1, a_0$ 均不等于零，也就是说特征方程的所有项必须存在；

(2)所有系数的符号必须相同，要么都为正，要么都为负。

在特征方程满足了上述两个前提条件的基础下，才可以进一步使用劳斯稳定判据对系统的稳定性进行判断。

8.3.2　劳斯稳定判据的充要条件

从科学家到我们(4)

式(8.6)所示特征方程的劳斯阵列(表)如下：

$$
\begin{array}{cccccc}
s^n & a_n & a_{n-2} & a_{n-4} & a_{n-6} & \cdots \\
s^{n-1} & a_{n-1} & a_{n-3} & a_{n-5} & a_{n-7} & \cdots \\
s^{n-2} & b_1 & b_2 & b_3 & b_4 & \cdots \\
s^{n-3} & c_1 & c_2 & c_3 & c_4 & \cdots \\
\vdots & \vdots & \vdots & \vdots & \vdots & \\
s^1 & d_1 & & & & \\
s^0 & e_1 & & & &
\end{array}
\tag{8.7}
$$

式(8.7)的第一行是特征方程里变量 s 的所有偶数项或奇数项的系数，且按降幂排列。至于它是偶数项还是奇数项，取决于特征方程 s 的最高幂次是偶数还是奇数。式(8.7)的第二行

是特征方程里变量 s 的所有奇数项或偶数项的系数，且按降幂排列。换句话说，如果第一行对应的系数是 s 的所有偶数项，那么第二行对应的系数就是 s 的所有奇数项，反之亦然。除了能直接根据特征方程写出来的前两行之外，其他行由其前两行产生：

$$\begin{cases} b_1 = \dfrac{a_{n-1}a_{n-2} - a_n a_{n-3}}{a_{n-1}} \\[2mm] b_2 = \dfrac{a_{n-1}a_{n-4} - a_n a_{n-5}}{a_{n-1}} \\[2mm] b_3 = \dfrac{a_{n-1}a_{n-6} - a_n a_{n-7}}{a_{n-1}} \\ \quad\vdots \end{cases} \tag{8.8}$$

$$\begin{cases} c_1 = \dfrac{b_1 a_{n-3} - a_{n-1}b_2}{b_1} \\[2mm] c_2 = \dfrac{b_1 a_{n-5} - a_{n-1}b_3}{b_1} \\[2mm] c_3 = \dfrac{b_1 a_{n-7} - a_{n-1}b_4}{b_1} \\ \quad\vdots \end{cases} \tag{8.9}$$

最终，可得到 $n+1$ 行的劳斯阵列。最后两行中每行只有一个元素，其他系数为零。将 $a_n, a_{n-1}, b_1, c_1, \ldots, d_1, e_1$ 称为劳斯阵列的第一列元素。劳斯稳定判据的充要条件如下：

对于稳定系统，劳斯阵列的第一列应无符号改变，否则系统不稳定。同时，第一列元素符号改变的次数等于系统位于 s 右半平面上的根的个数。

例 8.1 某控制系统的闭环传递函数为

$$\Phi(s) = \frac{6s + 4}{s^4 + 7s^3 + 17s^2 + 17s + 6}$$

试使用劳斯稳定判据判断系统的稳定性。

解： 该闭环传递函数的特征方程为

$$s^4 + 7s^3 + 17s^2 + 17s + 6 = 0$$

特征方程所有项的系数都为正且都存在，即满足前提条件。然后列写劳斯阵列：

$$\begin{array}{cccc} s^4 & 1 & 17 & 6 \\ s^3 & 7 & 17 & 0 \\ s^2 & \dfrac{7\times17 - 1\times17}{7}=14.57 & \dfrac{7\times6 - 1\times0}{7}=6 & 0 \\ s^1 & \dfrac{14.57\times17 - 7\times6}{14.57}=14.12 & 0 & 0 \\ s^0 & \dfrac{14.12\times6 - 14.57\times0}{14.12}=6 & 0 & 0 \end{array}$$

显而易见，第一列元素的符号没有变化，因此根据劳斯稳定判据可知，该控制系统是稳定的。

例 8.2 某单位负反馈系统的开环传递函数为

$$G(s) = \frac{K}{s(s+1)(s+2)}$$

为保证该闭环系统稳定，请确定 K 的取值范围。

解： 该系统的闭环传递函数为

$$\Phi(s) = \frac{G(s)}{1+G(s)} = \frac{K}{s^3 + 3s^2 + 2s + K}$$

其特征方程为

$$s^3 + 3s^2 + 2s + K = 0$$

首先，根据劳斯稳定判据的前提条件，即所有系数必须大于零，可知 $K > 0$。其次，列写劳斯阵列为

$$
\begin{array}{ccc}
s^3 & 1 & 2 \\
s^2 & 3 & K \\
s^1 & \dfrac{6-K}{3} & 0 \\
s^0 & K & 0
\end{array}
$$

若想保证闭环系统稳定，则根据劳斯稳定判据可得

$$
\begin{cases}
K > 0 \\
\dfrac{6-K}{3} > 0
\end{cases}
$$

解得

$$0 < K < 6$$

8.3.3　闭环相对稳定性

对于已经稳定的系统而言,判断其稳定的程度是至关重要的，即闭环相对稳定性。相对稳定性实际上就是判断闭环特征方程的根与 Y 轴之间的距离。可通过向左平移 Y 轴进行分析即分析移动之后的特征方程的根在新坐标系中的状态。如图 8.4 所示，移动后，原本位于复平面左侧的稳定特征根在新坐标系下变成了右侧的不稳定特征根，那么这段移动的距离就是闭环相对稳定性距离。从数学的角度上看，将 Y 轴移动 $-a$ 个距离，相当于特性方程中所有 s 的值都被 $u-a$ ($s = u-a$ 或 $u = s+a$) 替换，然后基于新生成的关于 u 的方程对系统的稳定性继续进行判断。

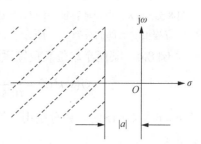

图 8.4　稳定裕度为 a 的系统特征根的分布区域(阴影部分)

例 8.3　某单位负反馈系统的开环传递函数为

$$G(s) = \frac{K}{s\left(\dfrac{s}{3}+1\right)\left(\dfrac{s}{6}+1\right)}$$

(1)如果闭环特征方程的根的所有实部都小于-1，计算 K 的取值范围(或者计算 K 的取值范围，使得稳定裕度 a 等于 1)。

（2）如果闭环特征方程的根的所有实部都小于-2，K 的取值范围是多少？

解：（1）该单位负反馈控制系统的闭环传递函数为

$$\varPhi(s)=\frac{18K}{s^3+9s^2+18s+18K}$$

其特征方程为

$$s^3+9s^2+18s+18K=0$$

令 s 等于 $u-1$ 并代入上式，可得关于变量 u 的新的特征方程：

$$u^3+6u^2+3u+18K-10=0$$

根据劳斯稳定判据，首先 $18K-10>0$，即 $K>5/9$，然后列写劳斯阵列为

$$
\begin{array}{ccc}
u^3 & 1 & 3 \\
u^2 & 6 & 18K-10 \\
u^1 & \dfrac{14-9K}{3} & 0 \\
u^0 & 18K-10 & 0
\end{array}
$$

为保证系统稳定且闭环特征方程的根的所有实部都小于-1，则 K 的取值范围是

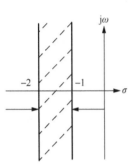

图 8.5　例 8.3 中闭环特征方程根的实部的分布

$$
\begin{cases}
\dfrac{14-9K}{3}>0 \\
18K-10>0
\end{cases}
\Rightarrow \quad \frac{5}{9}<K<\frac{14}{9}
$$

（2）令 $s=u-2$，得到另一个关于变量 u 的特征方程：

$$u^3+3u^2-6u+18K-8=0$$

显而易见，不论 K 值是多少，闭环特征方程系数的符号均发生了变化，闭环特征方程根的所有实部都不会小于-2。

通过上述分析可知：实际上，该控制系统的闭环稳定裕度 $a\in$ [-2，-1]，即闭环特征方程的根的实部也在这个范围内，如图 8.5 所示。

例 8.4　某两个单位负反馈系统的开环传递函数分别为

$$G(s)H(s)=\frac{k}{(0.5s+1)^3}, \quad G(s)H(s)=\frac{k}{(0.05s^2+1)(0.05s+1)}$$

当 $k=6$ 和 $k=15$ 时，请分别用劳斯稳定判据判断这两个系统的稳定性。从结果中能得出什么结论？

解：（1）第一个系统的闭环传递函数为

$$\varPhi(s)=\frac{8k}{s^3+6s^2+12s+8(1+k)}$$

其特征方程为

$$s^3+6s^2+12s+8(1+k)=0$$

在这里并没有判断其是否满足劳斯稳定判据的前提条件，这是因为，绝大多数情况下，劳斯稳定判据前提条件中的"所有系数的符号均相同"这一点与随后的劳斯阵列充要条件是重复的。本题即如此。

劳斯阵列为

$$
\begin{array}{ccc}
s^3 & 1 & 12 \\
s^2 & 6 & 8(1+k) \\
s^1 & \dfrac{32-4k}{3} & 0 \\
s^0 & 8(1+k) & 0
\end{array}
$$

因此，有

$$32-4k>0,\ \ 1+k>0$$

求得

$$-1<k<8$$

上述分析表明，系统在 $k=6$ 时稳定，但在 $k=15$ 时不稳定。从以上结果中也可得出一个结论：开环增益 (k) 的取值范围对系统稳定性是有影响的。

（2）第二个系统的闭环传递函数为

$$\varPhi(s)=\dfrac{k}{0.05^2s^3+0.05s^2+0.05s+1+k}$$

其特征方程为

$$0.05^2s^3+0.05s^2+0.05s+1+k=0$$

劳斯阵列为

$$
\begin{array}{ccc}
s^3 & 0.05^2 & 0.05 \\
s^2 & 0.05 & 1+k \\
s^1 & -0.05k & 0 \\
s^0 & 1+k &
\end{array}
$$

因此，有

$$\begin{cases} -0.05k>0 \\ 1+k>0 \end{cases}$$

解得

$$-1<k<0$$

即无论 $k=6$ 还是 $k=15$，该系统均不稳定。

8.3.4　劳斯稳定判据的特例

1. 特例 1

如果某行的第一列元素为零（同一行中的其他元素并不都为零），则无法继续计算劳斯阵列，因为在计算下一行的第一列元素时需要用该行第一列为零的元素做分母。为此引入无穷小的正数 ε 代替零完成劳斯阵列的计算。

例 8.5　某系统闭环传递函数的特征方程为

$$s^4+2s^3+s^2+2s+1=0$$

请根据劳斯稳定判据确定该系统的稳定性。

解： 由特征方程得到劳斯阵列为

$$
\begin{array}{c|ccc}
s^4 & 1 & 1 & 1 \\
s^3 & 2 & 2 & 0 \\
s^2 & 0 & 1 & 0 \\
s^1 & & & \\
s^0 & & &
\end{array}
$$

第三行的第一列元素为零，因此引入一个无穷小正数 ε 代替零并继续进行计算。

$$
\begin{array}{c|ccc}
s^4 & 1 & 1 & 1 \\
s^3 & 2 & 2 & 0 \\
s^2 & \varepsilon(\varepsilon \to 0) & 1 & 0 \\
s^1 & 2-\dfrac{2}{\varepsilon} & 0 & 0 \\
s^0 & 1 & 0 & 0
\end{array}
$$

因为 $\varepsilon \to 0$，所以，有

$$
2-\frac{2}{\varepsilon} \to -\infty
$$

这说明第一列元素的符号从正到负再到正变换了两次，所以该闭环系统是不稳定的，即其特征方程在 s 右半平面中有两个根。

2. 特例2

若计算劳斯阵列时出现某一行的所有元素均为零的情况，则说明该系统闭环传递函数的特征方程存在一些关于坐标轴或者原点对称的特征根，例如：

(1)绝对值相同、符号相反的两个实根，这说明该系统响应发散，系统不稳定，如图 8.6(a) 所示。

(2)虚部绝对值相同、实部符号相反的两对共轭复根，这说明系统响应发散，系统不稳定，如图 8.6(b) 所示。

(3)一对共轭纯虚根，这说明系统响应为等幅振荡，系统临界稳定，实际上也是一种不稳定状态，如图 8.6(c) 所示。

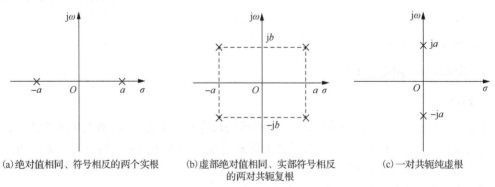

(a)绝对值相同、符号相反的两个实根　(b)虚部绝对值相同、实部符号相反　(c)一对共轭纯虚根
的两对共轭复根

图 8.6　对称特征根的分布

(4)以上几种根的组合。

在这种情况下，劳斯阵列的计算将中断于所有元素都等于零的这一行。为继续计算劳斯阵列，可基于全为零这一行的前一行元素构建辅助方程，且辅助方程中 s 的次数均为偶次。

随后对该辅助方程求导，得到一个新的比辅助方程低阶的微分方程，使用新的微分方程的系数替换全为零的一行，继续完成劳斯阵列的计算。值得一提的是，由辅助方程可求得不稳定特征根。

例 8.6 某系统的闭环传递函数特征方程为

$$s^6 + 2s^5 + 8s^4 + 12s^3 + 20s^2 + 16s + 16 = 0$$

请使用劳斯稳定判据判断该系统的稳定性。

解： 由特征方程得到劳斯阵列为

工程师必备工程素养(4)

$$
\begin{array}{cccc}
s^6 & 1 & 8 & 20 & 16 \\
s^5 & 2 & 12 & 16 & 0 \\
s^4 & 2 & 12 & 16 & 0 \\
s^3 & 0 & 0 & 0 & 0 \\
s^2 & & & & \\
s^1 & & & & \\
s^0 & & & &
\end{array}
$$

s^3 行中的所有元素都为零，因此使用全为零一行的上一行构造辅助方程：

$$A(s) = 2s^4 + 12 s^2 + 16$$

对辅助方程求导：

$$\frac{\mathrm{d}A(s)}{\mathrm{d}s} = 8s^3 + 24s$$

用上式的系数替换全为零的一行，继续计算并得到新的劳斯阵列：

$$
\begin{array}{cccc}
s^6 & 1 & 8 & 20 & 16 \\
s^5 & 2 & 12 & 16 & 0 \\
s^4 & 2 & 12 & 16 & 0 \\
s^3 & 8 & 24 & 0 & 0 \\
s^2 & 6 & 16 & 0 & 0 \\
s^1 & \frac{8}{3} & 0 & 0 & 0 \\
s^0 & 16 & 0 & 0 & 0
\end{array}
$$

由于新的劳斯阵列第一列元素的符号没有变化，这说明系统没有正根，也没有带有正实部的共轭复根。但是，因为 s^3 行的系数都为零，可见有共轭纯虚根存在。求解辅助方程 $A(s)$：

$$2s^4 + 12 s^2 + 16 = 0$$

得到两对共轭纯虚根：

$$
\begin{cases}
s_{1,2} = \pm\sqrt{2}\mathrm{j} \\
s_{3,4} = \pm 2\mathrm{j}
\end{cases}
$$

这说明该系统处于临界稳定状态，其响应为等幅振荡，经典控制理论，认为临界稳定状态也是不稳定状态。

例 8.7 某系统的传递函数方框图如图 8.7 所示。求使系统以 ω=2rad/s 的频率持续振荡的 K 和 α。

解： 由传递函数方框图可知该系统的闭环传递函数，进而得到特征方程为 $s^3+\alpha s^2+(2+K)s+$

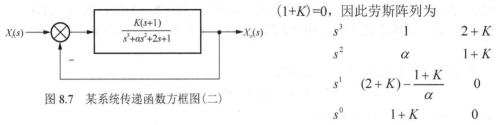

图8.7 某系统传递函数方框图(二)

$(1+K)=0$，因此劳斯阵列为

$$
\begin{array}{c c c}
s^3 & 1 & 2+K \\
s^2 & \alpha & 1+K \\
s^1 & (2+K)-\dfrac{1+K}{\alpha} & 0 \\
s^0 & 1+K & 0
\end{array}
$$

只有当 s^1 行中的各元素都为零时，才能获得一对共轭纯虚根(而不是两对或更多对)，即将 s^2 行各元素视为辅助方程的系数，得到辅助方程为

$$\alpha s^2 + (1+K) = 0 \tag{8.10a}$$

解得

$$s_{1,2} = \pm\sqrt{\frac{1+K}{\alpha}}\,\mathrm{j} \tag{8.10b}$$

由于系统以 $\omega=2\mathrm{rad/s}$ 的频率持续振荡，可知共轭纯虚根为

$$s_{1,2} = \pm 2\mathrm{j} \tag{8.10c}$$

联立式(8.10b)和式(8.10c)可得

$$\sqrt{\frac{1+K}{\alpha}} = 2 \tag{8.10d}$$

根据 s^1 行中的各元素都为零，可得

$$2+K-\frac{1+K}{\alpha} = 0 \tag{8.10e}$$

联立式(8.10d)和式(8.10e)，可得

$$K=2, \quad \alpha = 0.75$$

例 8.8 某系统闭环传递函数的特征方程如下：

(1) $s^3 - 15s + 126 = 0$ 。

(2) $s^5 + 3s^4 - 3s^3 - 9s^2 - 4s - 12 = 0$ 。

求两个系统右半 s 平面上根的个数。

解： (1)由特征方程可列写并计算劳斯阵列为

$$
\begin{array}{c c c}
s^3 & 1 & -15 \\
s^2 & 0 \approx \varepsilon & 126 \\
s^1 & \dfrac{-15\varepsilon - 126}{\varepsilon} & 0 \\
s^0 & 126 & 0
\end{array}
$$

因为

$$\varepsilon \to 0$$

所以

$$\frac{-15\varepsilon - 126}{\varepsilon} \to -\infty$$

因此第一列系数的符号改变了两次，这说明特征方程在 s 右半平面上有两个根。

(2)由特征方程可列写并计算劳斯阵列为

$$
\begin{array}{c|ccc}
s^5 & 1 & -3 & -4 \\
s^4 & 3 & -9 & -12 \\
s^3 & 0 & 0 & \\
s^2 & & & \\
s^1 & & & \\
s^0 & & &
\end{array}
$$

使用 s^4 行的各系数构建辅助方程可得

$$A(s) = 3s^4 - 9s^2 - 12 = 0$$

将 $A(s)$ 对 s 求导得到

$$\frac{\mathrm{d}A(s)}{\mathrm{d}s} = 12s^3 - 18s$$

则新的劳斯阵列为

$$
\begin{array}{c|ccc}
s^5 & 1 & -3 & -4 \\
s^4 & 3 & -9 & -12 \\
s^3 & 12 & -18 & \\
s^2 & -4.5 & -12 & \\
s^1 & -50 & & \\
s^0 & -12 & &
\end{array}
$$

由于第一列元素的符号改变一次，因此，特征方程在 s 右半平面上有一个根（另外，通过求解辅助方程可得到，一对纯虚根 $s_{1,2} = \pm\mathrm{j}$ 和一对纯实根 $s_{3,4} = \pm 2$）。

本 章 习 题

8.1　某单位负反馈系统的开环传递函数如下：

$$G(s)H(s) = \frac{100}{s^2(300s^2 + 600s + 50)}$$

请使用劳斯稳定判据判断该闭环系统是否稳定。

8.2　某单位负反馈系统方框图如图 8.8 所示，求使系统稳定的增益 K。

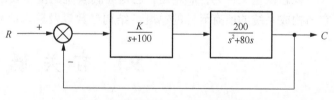

图 8.8　某系统传递函数方框图 (3)

8.3　某系统闭环传递函数特征方程如下，使用劳斯稳定判据求 s 右半平面上根的个数。

（1）$s^3 - 15s + 126 = 0$；

（2）$s^5 + 3s^4 - 3s^3 - 9s^2 - 4s - 12 = 0$。

8.4　某单位负反馈系统的开环传递函数为

$$G(s)H(s) = \frac{k}{s(Ts + 1)}$$

若所有特征根都位于 $s = -a$ 的左边区域，试计算 k 和 T 的取值范围。

第9章 误差分析与计算

第 8 章稳定性分析阐述了稳定的系统要满足什么条件，或者说什么样的系统是稳定的。那是不是说系统只要是稳定的就是不错的系统呢？举个例子，两台都能工作的恒温箱，称其为 A 和 B，但大家都偏于使用 A，究其原因是 A 的性能更好。至于什么性能更好，例如，就算室温发生了较大变化，对 A 的影响也很小。也就是同样稳定的控制系统，当受到同样的外界干扰时，误差小的系统性能更好。这实际上是稳定系统的误差问题。

如图 9.1(a) 所示的小球-山脊山谷系统，起初小球位于山谷位置，将小球从山谷拿到山脊上并松手，经过一段时间的来回振荡，小球最终仍会停留到山谷。这说明这个系统是稳定的。但随后会发现，尽管小球重回稳定状态，可是由于某种原因，小球并没有回到最初的位置，它再次停留在山谷的位置实际上与最初位置之间有偏移，如图 9.1(b) 所示。这说明，当小球从一个稳态达到另一个稳态时，或者说小球受到某种干扰发生振荡后再次回到稳定状态时会出现稳态误差。这就是本章研究的主要内容。

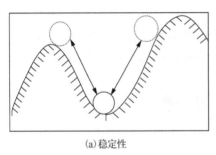

(a) 稳定性   (b) 稳态误差

图 9.1 控制系统的稳定性和稳态误差

稳态误差又称为控制精度，它是控制系统的基本要求之一，是衡量控制系统精度的指标，它与构成系统的所有元件的精度、结构参数以及输入信号都密切相关。

9.1 有 关 概 念

9.1.1 偏差

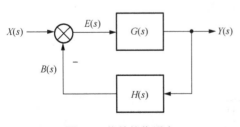

图 9.2 偏差的作用点

如图 9.2 所示，偏差 $E(s)$ 的作用点位于输入信号和主反馈信号的加法点输出端，即系统的输入端，其值可通过加法点的代数运算和传递函数获得：

$$E(s) = X(s) - B(s) = X(s) - H(s) \cdot Y(s)$$

$$= X(s) - H(s) \cdot \frac{G(s)}{1+G(s)H(s)} \cdot X(s)$$

式中，$B(s)$ 为主反馈信号，化简上式可得

$$E(s) = \frac{X(s)}{1 + G(s)H(s)} \tag{9.1}$$

9.1.2　稳态偏差

由拉氏变换的终值定理可得系统的稳态偏差 $e_{ss}(t)$ 为

$$e_{ss}(t) = \lim_{t \to \infty} e(t) = \lim_{s \to 0} s \cdot E(s) = \lim_{s \to 0} s \cdot \frac{X(s)}{1 + G(s)H(s)} \tag{9.2}$$

9.1.3　期望输出

当偏差 $E(s)$ 为零时，系统将停止以期望输出 $Y_d(s)$ 为目标的调整，如图 9.2 所示，当实际输出 $Y(s)$ 等于期望输出 $Y_d(s)$ 时，偏差 $E(s)$ 应等于零：

$$E(s) = X(s) - H(s)Y_d(s) = 0 \tag{9.3}$$

因此期望输出 $Y_d(s)$ 为

$$Y_d(s) = \frac{X(s)}{H(s)} \tag{9.4}$$

基于上述分析，期望输出 $Y_d(s)$ 的理论定义是系统没有偏差时的输出，期望输出 $Y_d(s)$ 的物理定义是控制系统的理想状态。

9.1.4　误差

期望输出 $Y_d(s)$ 与实际输出 $Y(s)$ 之差称为系统的误差：

$$\varepsilon(s) = Y_d(s) - Y(s) = \frac{X(s)}{H(s)} - Y(s) \tag{9.5}$$

又因为

$$E(s) = X(s) - H(s) \cdot Y(s)$$

所以可得

$$\varepsilon(s) = \frac{E(s)}{H(s)} \tag{9.6}$$

将式 (9.1) 代入式 (9.6) 可得误差为

$$\varepsilon(s) = \frac{1}{1 + G(s)H(s)} \cdot \frac{X(s)}{H(s)} \tag{9.7}$$

误差的理论定义为期望输出和实际输出之差。当系统为单位负反馈系统，即 $H(s) = 1$ 时，式 (9.5) 变为

$$\varepsilon(s) = X(s) - Y(s) \tag{9.8}$$

式 (9.7) 则变为

$$\varepsilon(s) = \frac{X(s)}{1 + G(s)} \tag{9.9}$$

且偏差公式 (9.1) 也变为

$$E(s) = X(s) - Y(s) = \frac{X(s)}{1 + G(s)} \tag{9.10}$$

如式 (9.9) 和式 (9.10) 所示，当系统为单位负反馈系统时，系统的误差等于系统的偏差，

即当系统为单位负反馈系统时，误差和偏差均等于系统的输入减去系统的输出。

图 9.3 所示为偏差、误差、实际输出和期望输出之间的关系，由图可知，偏差 $E(s)$ 定义在系统的输入端，而误差 $\varepsilon(s)$ 定义在系统的输出端。

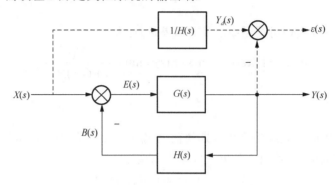

图 9.3　$\varepsilon(s)$、$E(s)$、$Y(s)$ 和 $Y_d(s)$ 之间的关系

9.1.5　稳态误差

由拉氏变换的终值定理可得系统的稳态误差：

$$\varepsilon_{ss}(t) = \lim_{t \to \infty} \varepsilon(t) = \lim_{s \to 0} s \cdot \varepsilon(s) = \lim_{s \to 0} s \cdot \frac{1}{1+G(s)H(s)} \cdot \frac{X(s)}{H(s)} \qquad (9.11)$$

此外，根据误差和偏差之间的关系，即式(9.6)，结合终值定理也可得到稳态误差：

$$\varepsilon_{ss}(t) = \lim_{s \to 0} s \cdot \varepsilon(s) = \lim_{s \to 0} s \cdot \frac{E(s)}{H(s)} = e_{ss} \cdot \lim_{s \to 0} \frac{1}{H(s)} = \frac{e_{ss}}{H(0)} \qquad (9.12)$$

例 9.1　某调速系统如图 9.4 所示，求输入电压为 10V 时该系统的稳态误差 $\varepsilon_{ss}(t)$。

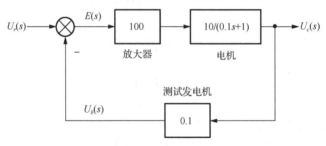

图 9.4　某调速系统传递函数方框图

解：由传递函数方框图可得前向通路传递函数为

$$G(s) = 100 \times \frac{10}{0.1s+1}$$

反馈通路传递函数为

$$H(s) = 0.1$$

由于输入电压为 10V，所以输入信号为

$$X(s) = \frac{10}{s}$$

因此，将 $G(s)$、$H(s)$、$X(s)$ 分别代入式(9.11)可得该系统的稳态误差为

$$\varepsilon_{\mathrm{ss}}(t) = \lim_{s \to 0} s \cdot \frac{1}{1 + 100 \times \dfrac{10}{0.1s+1} \times 0.1} \times \frac{\dfrac{10}{s}}{0.1} = \frac{100}{101} = 0.99$$

9.2　静态误差系数

由式(9.11)可知，当系统为单位负反馈系统时，系统的稳态误差仅与开环传递函数(单位负反馈系统的开环传递函数就是前向通路传递函数 $G(s)$)和输入有关。因此，可通过系统的开环传递函数和输入来求系统的稳态误差。

9.2.1　影响稳态误差的两个因素

1. 系统类型

由于 $H(s)=1$，因此单位负反馈系统的开环传递函数 $G(s)H(s)$ 实际上就是前向通路传递函数 $G(s)$，其因式分解形式或"+1"形式为

$$G(s) = \frac{K(\tau_1 s + 1)(\tau_2 s + 1)\cdots(\tau_m s + 1)}{s^N (T_1 s + 1)(T_2 s + 1)\cdots(T_n s + 1)} \tag{9.13}$$

根据式(9.13)积分环节的个数对系统进行分型，也就是开环传递函数中积分环节的个数即系统的类型。因此，当 $N=0$ 时，系统类型为0；当 $N=1$ 时，系统类型为Ⅰ，以此类推。由于积分环节的增加会影响到系统的稳定性，因此在实际控制系统中较少选择Ⅱ型以上系统。

2. 系统信号

常用于系统分析的输入信号是阶跃、斜坡和加速度信号：

$$x_s(t) = R$$
$$x_r(t) = Rt$$
$$x_a(t) = \frac{Rt^2}{2}$$

它们的拉普拉斯变换分别为

$$X_s(s) = \frac{R}{s}$$
$$X_r(s) = \frac{R}{s^2}$$
$$X_a(s) = \frac{R}{s^3}$$

9.2.2　基于静态误差系数的稳态误差计算

本节将根据系统类型和系统输入来求系统的稳态误差。

1. 阶跃输入

当 $H(s)=1$，$X(s)=R/s$ 时，式(9.11)化为

$$\varepsilon_{\mathrm{ss1}}(t) = \lim_{s \to 0} s \cdot E(t) = \lim_{s \to 0} s \cdot \frac{X(s)}{1+G(s)} = \lim_{s \to 0} s \cdot \frac{1}{1+G(s)} \cdot \frac{R}{s} = \frac{R}{1 + \lim_{s \to 0} G(s)} \tag{9.14}$$

令 K_p 为静态位置误差系数：

$$K_p = \lim_{s \to 0} G(s) \tag{9.15}$$

将式(9.15)代入式(9.14)可得系统对阶跃输入的稳态误差为

$$\varepsilon_{\mathrm{ss1}}(t) = \frac{R}{1 + K_p} \tag{9.16}$$

下面基于不同的系统类型进一步讨论与分析。

(1)0型系统($N = 0$)。

对于0型系统而言：

$$G(s) = \frac{K(\tau_1 s + 1)(\tau_2 s + 1)\cdots(\tau_m s + 1)}{s^0(T_1 s + 1)(T_2 s + 1)\cdots(T_n s + 1)} = \frac{K(\tau_1 s + 1)(\tau_2 s + 1)\cdots(\tau_m s + 1)}{(T_1 s + 1)(T_2 s + 1)\cdots(T_n s + 1)}$$

因此静态位置误差系数为

$$K_p = \lim_{s \to 0} G(s) = \lim_{s \to 0} \frac{K(\tau_1 s + 1)(\tau_2 s + 1)\cdots(\tau_m s + 1)}{(T_1 s + 1)(T_2 s + 1)\cdots(T_n s + 1)} = K$$

将 K_p 代入式(9.16)，可得0型系统对于阶跃输入的稳态误差为

$$\varepsilon_{\mathrm{ss1}}(t) = \frac{R}{1 + K} \tag{9.17}$$

(2)Ⅰ型系统($N = 1$)。

对于Ⅰ型系统而言：

$$G(s) = \frac{K(\tau_1 s + 1)(\tau_2 s + 1)\cdots(\tau_m s + 1)}{s^1(T_1 s + 1)(T_2 s + 1)\cdots(T_n s + 1)}$$

因此静态位置误差系数为

$$K_p = \lim_{s \to 0} G(s) = \lim_{s \to 0} \frac{K(\tau_1 s + 1)(\tau_2 s + 1)\cdots(\tau_m s + 1)}{s(T_1 s + 1)(T_2 s + 1)\cdots(T_n s + 1)} = \infty$$

将 K_p 代入式(9.16)，可得Ⅰ型系统对于阶跃输入的稳态误差为

$$\varepsilon_{\mathrm{ss1}}(t) = 0 \tag{9.18}$$

(3)Ⅱ型系统($N = 2$)。

对于Ⅱ型系统而言：

$$G(s) = \frac{K(\tau_1 s + 1)(\tau_2 s + 1)\cdots(\tau_m s + 1)}{s^2(T_1 s + 1)(T_2 s + 1)\cdots(T_n s + 1)}$$

因此静态位置误差系数为

$$K_p = \lim_{s \to 0} G(s) = \lim_{s \to 0} \frac{K(\tau_1 s + 1)(\tau_2 s + 1)\cdots(\tau_m s + 1)}{s^2(T_1 s + 1)(T_2 s + 1)\cdots(T_n s + 1)} = \infty$$

将 K_p 代入式(9.16)，可得Ⅱ型系统对于阶跃输入的稳态误差为

$$\varepsilon_{\mathrm{ss1}}(t) = 0 \tag{9.19}$$

单位负反馈系统的阶跃响应曲线如图9.5所示，图9.5(a)为0型系统的阶跃响应曲线，根据0型系统稳态误差的表达式 $\varepsilon_{\mathrm{ss1}}(t) = R/(1+K)$ 可知，若开环增益 K 足够大(但增益过大会使系统不稳定)，稳态误差 $\varepsilon_{\mathrm{ss1}}(t)$ 就会足够小。图9.5(b)为Ⅰ型以上系统的阶跃响应曲线，稳态误差可趋于零。

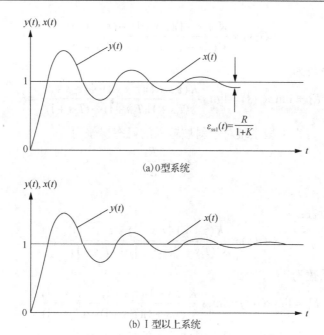

图 9.5　单位负反馈系统的阶跃响应曲线与稳态误差

2. 斜坡输入

当 $H(s)=1$, $X(s)=R/s^2$ 时，式 (9.11) 化为

$$\varepsilon_{ss2}(t) = \lim_{s \to 0} s \cdot E(s) = \lim_{s \to 0} s \cdot \frac{X(s)}{1+G(s)} = \lim_{s \to 0} s \cdot \frac{1}{1+G(s)} \cdot \frac{R}{s^2} = \frac{R}{\lim_{s \to 0} sG(s)} \tag{9.20}$$

令 K_v 为静态速度误差系数：

$$K_v = \lim_{s \to 0} sG(s) \tag{9.21}$$

将式 (9.21) 代入式 (9.20) 可得系统对斜坡输入的稳态误差为

$$\varepsilon_{ss2}(t) = \frac{R}{K_v} \tag{9.22}$$

下面基于不同的系统类型进一步讨论与分析。

(1) 0 型系统 ($N=0$)。

对于 0 型系统而言：

$$G(s) = \frac{K(\tau_1 s+1)(\tau_2 s+1)\cdots(\tau_m s+1)}{s^0(T_1 s+1)(T_2 s+1)\cdots(T_n s+1)} = \frac{K(\tau_1 s+1)(\tau_2 s+1)\cdots(\tau_m s+1)}{(T_1 s+1)(T_2 s+1)\cdots(T_n s+1)}$$

因此静态速度误差系数为

$$K_v = \lim_{s \to 0} sG(s) = \lim_{s \to 0} s \frac{K(\tau_1 s+1)(\tau_2 s+1)\cdots(\tau_m s+1)}{(T_1 s+1)(T_2 s+1)\cdots(T_n s+1)} = 0$$

将 K_v 代入式 (9.22)，可得 0 型系统对于斜坡输入的稳态误差为

$$\varepsilon_{ss2} = \infty \tag{9.23}$$

(2) I 型系统 ($N=1$)。

对于 I 型系统而言：

$$G(s) = \frac{K(\tau_1 s + 1)(\tau_2 s + 1)\cdots(\tau_m s + 1)}{s^1(T_1 s + 1)(T_2 s + 1)\cdots(T_n s + 1)}$$

因此静态速度误差系数为

$$K_v = \lim_{s \to 0} sG(s) = \lim_{s \to 0} s\frac{K(\tau_1 s + 1)(\tau_2 s + 1)\cdots(\tau_m s + 1)}{s(T_1 s + 1)(T_2 s + 1)\cdots(T_n s + 1)} = K$$

将 K_v 代入式(9.22)，可得 I 型系统对于斜坡输入的稳态误差为

$$\varepsilon_{ss2} = \frac{R}{K} \tag{9.24}$$

(3) II 型系统($N = 2$)。

对于 II 型系统而言：

$$G(s) = \frac{K(\tau_1 s + 1)(\tau_2 s + 1)\cdots\tau_m s + 1)}{s^2(T_1 s + 1)(T_2 s + 1)\cdots(T_n s + 1)}$$

因此静态速度误差系数为

$$K_v = \lim_{s \to 0} sG(s) = \lim_{s \to 0} s\frac{K(\tau_1 s + 1)(\tau_2 s + 1)\cdots(\tau_m s + 1)}{s^2(T_1 s + 1)(T_2 s + 1)\cdots(T_n s + 1)} = \infty$$

将 K_v 代入式(9.22)，可得 II 型系统对于斜坡输入的稳态误差为

$$\varepsilon_{ss2} = 0 \tag{9.25}$$

以上分析表明，0 型系统不能跟踪斜坡输入，如图 9.6(a) 所示；I 型系统可跟踪斜坡输入，但有一定的稳态误差，如图 9.6(b) 所示，且根据 $\varepsilon_{ss2} = R/K$ 的表达式可知，开环增益 K 越大，稳态误差越小；II 型以上系统能够精确地跟踪斜坡输入，且没有稳态误差，如图 9.6(c) 所示。

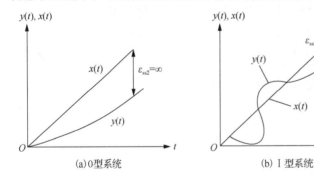
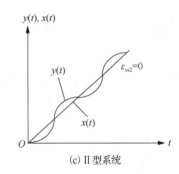

图 9.6 单位负反馈系统的斜坡响应曲线与稳态误差

3. 加速度输入

当 $H(s) = 1$，$X(s) = R/s^3$ 时，式(9.11)化为

$$\varepsilon_{ss3}(t) = \lim_{s \to 0} s \cdot E(s) = \lim_{s \to 0} s \cdot \frac{X(s)}{1 + G(s)} = \lim_{s \to 0} s \cdot \frac{1}{1 + G(s)} \cdot \frac{R}{s^3} = \frac{R}{\lim_{s \to 0} s^2 G(s)} \tag{9.26}$$

令 K_a 为静态加速度误差系数：

$$K_a = \lim_{s \to 0} s^2 G(s) \tag{9.27}$$

将式(9.27)代入式(9.26)可得系统对加速度输入信号的稳态误差为

$$\varepsilon_{ss3}(t) = \frac{R}{K_a} \tag{9.28}$$

下面基于不同的系统类型进一步讨论与分析。

(1) 0 型系统 ($N = 0$)。

对于 0 型系统而言:

$$G(s) = \frac{K(\tau_1 s + 1)(\tau_2 s + 1)\cdots(\tau_m s + 1)}{s^0(T_1 s + 1)(T_2 s + 1)\cdots(T_n s + 1)} = \frac{K(\tau_1 s + 1)(\tau_2 s + 1)\cdots(\tau_m s + 1)}{(T_1 s + 1)(T_2 s + 1)\cdots(T_n s + 1)}$$

因此静态加速度误差系数为

$$K_a = \lim_{s \to 0} s^2 G(s) = \lim_{s \to 0} s^2 \frac{K(\tau_1 s + 1)(\tau_2 s + 1)\cdots(\tau_m s + 1)}{(T_1 s + 1)(T_2 s + 1)\cdots(T_n s + 1)} = 0$$

将 K_a 代入式 (9.28),可得 0 型系统对于加速度输入的稳态误差为

$$\varepsilon_{ss3}(t) = \infty \tag{9.29}$$

(2) I 型系统 ($N = 1$)。

对于 I 型系统而言:

$$G(s) = \frac{K(\tau_1 s + 1)(\tau_2 s + 1)\cdots(\tau_m s + 1)}{s^1(T_1 s + 1)(T_2 s + 1)\cdots(T_n s + 1)}$$

因此静态加速度误差系数为

$$K_a = \lim_{s \to 0} s^2 G(s) = \lim_{s \to 0} s^2 \frac{K(\tau_1 s + 1)(\tau_2 s + 1)\cdots(\tau_m s + 1)}{s(T_1 s + 1)(T_2 s + 1)\cdots(T_n s + 1)} = 0$$

将 K_a 代入式 (9.28),可得 I 型系统对于加速度输入的稳态误差为

$$\varepsilon_{ss3}(t) = \infty \tag{9.30}$$

(3) II 型系统 ($N = 2$)。

对于 II 型系统而言:

$$G(s) = \frac{K(\tau_1 s + 1)(\tau_2 s + 1)\cdots(\tau_m s + 1)}{s^2(T_1 s + 1)(T_2 s + 1)\cdots(T_n s + 1)}$$

因此静态加速度误差系数为

$$K_a = \lim_{s \to 0} s^2 G(s) = \lim_{s \to 0} s^2 \frac{K(\tau_1 s + 1)(\tau_2 s + 1)\cdots(\tau_m s + 1)}{s^2(T_1 s + 1)(T_2 s + 1)\cdots(T_n s + 1)} = K$$

将 K_a 代入式 (9.28),可得 II 型系统对于加速度输入的稳态误差为:

$$\varepsilon_{ss3}(t) = \frac{R}{K} \tag{9.31}$$

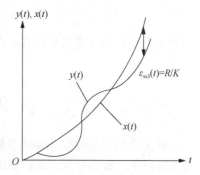

图 9.7 单位负反馈系统的加速度响应曲线及稳态误差

由式 (9.29) 和式 (9.30) 可知,0 型和 I 型系统都不能跟踪加速度输入。由式 (9.31) 可知,II 型以上系统可跟踪加速度输入,但有一定的稳态误差,如图 9.7 所示,且根据 $\varepsilon_{ss3}(t) = R/K$ 的表达式可知,开环增益 K 越大,稳态误差越小。

表 9.1 列出了不同类型的系统对 3 种典型输入信号的稳态误差,其中 R 为输入信号的幅值,K 为系统的开环增益。

表9.1　不同类型系统对3种典型输入信号的稳态误差

系统类型	典型输入信号		
	阶跃	斜坡	加速度
	$x(t) = R$	$x(t) = Rt$	$x(t) = \dfrac{R}{2}t^2$
0	$\dfrac{R}{1+K}$	∞	∞
I	0	$\dfrac{R}{K}$	∞
II	0	0	$\dfrac{R}{K}$

例9.2　某二阶振荡系统的传递函数方框图如图9.8所示。当输入信号分别为单位阶跃信号、单位斜坡信号和单位加速度信号时，分别计算三种输入信号下的稳态误差。

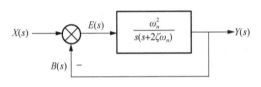

图9.8　某系统传递函数方框图

解：根据该系统的传递函数方框图，可得其"+1"形式的开环传递函数为

$$G(s)H(s) = \dfrac{\dfrac{\omega_n}{2\zeta}}{s\left(\dfrac{s}{2\zeta\omega_n} + 1\right)}$$

因此，该系统为 I 型系统，其开环增益为

$$K = \dfrac{\omega_n}{2\zeta}$$

由表9.1可得，当输入为单位阶跃信号时其稳态误差为

$$\varepsilon_{ss1}(t) = 0$$

当输入为单位斜坡信号时其稳态误差为

$$\varepsilon_{ss2}(t) = \dfrac{R}{K} = \dfrac{1}{K} = \dfrac{2\zeta}{\omega_n}$$

当输入为单位加速度信号时其稳态误差为

$$\varepsilon_{ss3} = \infty$$

9.3　稳态偏差计算

前面给出了通过静态误差系数获得系统稳态误差的方法，但前提条件是单位负反馈系统。对于非单位负反馈系统，需要使用第5章方框图转化的方法将其换成单位负反馈系统。因此，针对非单位负反馈系统，或者说针对所有控制系统（单位负反馈系统是控制系统的一种），是否可利用稳态误差的定义求取稳态误差呢？由于稳态误差和稳态偏差之间的关系，因此先从稳态偏差入手。

如果系统同时受到输入信号 $X(s)$ 和干扰信号 $N(s)$ 的作用，如图9.9所示，系统的偏差为两个输入信号分别引起的偏差的叠加：

$$E(s) = E_X(s) + E_N(s) \tag{9.32}$$

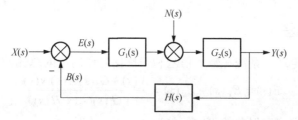

图 9.9　输入信号 $X(s)$ 和干扰信号 $N(s)$ 同时作用的系统传递函数方框图

根据偏差 $E(s)$ 的定义，总偏差 $E(s)$ 的作用点是输入信号 $X(s)$ 和反馈信号 $B(s)$ 的加法点的输出端，如图 9.9 所示。

9.3.1　输入信号引起的稳态偏差

为求输入信号 $X(s)$ 引起的偏差，假设 $N(s)=0$，图 9.9 转化为图 9.10。此时，系统在输入信号 $X(s)$ 作用下的偏差 $E_X(s)$ 为

$$E_X(s) = X(s) - H(s) \cdot Y_X(s) = X(s) - H(s) \cdot \frac{G_1(s)G_2(s)}{1+G_1(s)G_2(s)H(s)} \cdot X(s)$$

$$= \frac{X(s)}{1+G_1(s)G_2(s)H(s)} \tag{9.33}$$

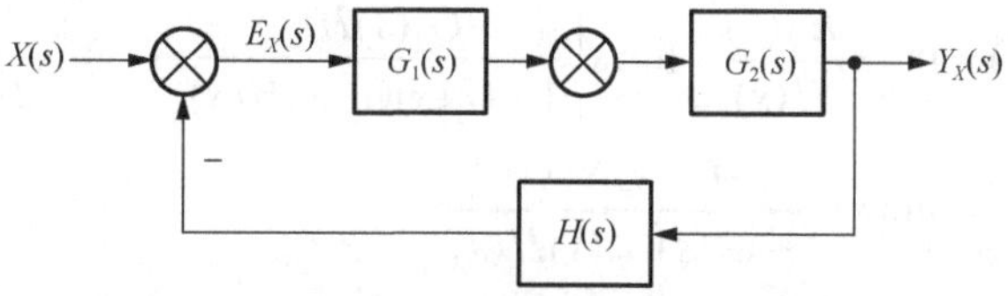

图 9.10　无干扰信号作用的系统传递函数方框图

根据拉氏变换的终值定理可得系统的稳态偏差为

$$e_{ssx}(t) = \lim_{s \to 0} sE_X(s) = \lim_{s \to 0} s \cdot \frac{X(s)}{1+G_1(s)G_2(s)H(s)} \tag{9.34}$$

控制理论与人生哲理(8)

9.3.2　干扰信号引起的稳态偏差

为求干扰信号 $N(s)$ 引起的偏差，假设 $X(s)=0$，图 9.9 转化为图 9.11。此时，系统在干扰信号 $N(s)$ 作用下的偏差 $E_N(s)$ 为

$$E_N(s) = -Y_N(s)H(s)$$

$$= -\frac{G_2(s)H(s)}{1+G_1(s)G_2(s)H(s)} \cdot N(s) \tag{9.35}$$

根据拉氏变换的终值定理可得系统的稳态偏差为

$$e_{ssn}(t) = \lim_{s \to 0} sE_N(s)$$

$$= \lim_{s \to 0} s \left[\frac{-G_2(s)H(s)}{1+G_1(s)G_2(s)H(s)} N(s) \right] \tag{9.36}$$

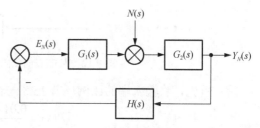

图 9.11　干扰信号 $N(s)$ 作用的系统传递函数方框图

9.3.3　总的稳态偏差

综上，根据叠加定理，系统在输入信号和干扰信号作用下的总偏差为

$$E(s) = E_X(s) + E_N(s) = \frac{X(s) - G_2(s)H(s)N(s)}{1 + G_1(s)G_2(s)H(s)} \tag{9.37}$$

由拉氏变换终值定理可得总的稳态偏差为

$$e_{ss}(t) = e_{ssx}(t) + e_{ssn}(t) = \lim_{s \to 0} sE_X(s) + \lim_{s \to 0} sE_N(s)$$

$$= \lim_{s \to 0} s \cdot \frac{X(s)}{1 + G_1(s)G_2(s)H(s)} + \lim_{s \to 0} s \left[\frac{-G_2(s)H(s)}{1 + G_1(s)G_2(s)H(s)} N(s) \right] \tag{9.38}$$

9.4　稳态误差计算

由式(9.12)和式(9.34)可得输入信号 $X(s)$ 引起的稳态误差为

$$\varepsilon_{ssx}(t) = \lim_{s \to 0} s \frac{E_X(s)}{H(s)} = \lim_{s \to 0} s \cdot \frac{X(s)}{1 + G_1(s)G_2(s)H(s)} \cdot \frac{1}{H(s)} \tag{9.39}$$

同时，由式(9.12)和式(9.36)可得干扰信号 $N(s)$ 引起的稳态误差为

$$\varepsilon_{ssn}(t) = \lim_{s \to 0} s \frac{E_N(s)}{H(s)} = \lim_{s \to 0} s \left[\frac{-G_2(s)H(s)}{1 + G_1(s)G_2(s)H(s)} N(s) \right] \cdot \frac{1}{H(s)}$$

$$= \lim_{s \to 0} s \cdot \frac{-G_2(s)N(s)}{1 + G_1(s)G_2(s)H(s)} \tag{9.40}$$

因此，由 $X(s)$ 和 $N(s)$ 共同作用引起的总稳态误差为

$$\varepsilon_{ss}(t) = \varepsilon_{ssx}(t) + \varepsilon_{ssn}(t) = \lim_{s \to 0} s \cdot \frac{X(s)}{1 + G_1(s)G_2(s)H(s)} \cdot \frac{1}{H(s)} + \lim_{s \to 0} s \cdot \frac{-G_2(s)N(s)}{1 + G_1(s)G_2(s)H(s)} \tag{9.41}$$

例 9.3　某电液伺服阀控制系统传递函数方框图如图 9.12 所示，其输入信号 $i(t) = 0.01\text{A}$，热变形引起的挡板角位移为干扰信号 $f(t) = 0.000314\text{rad}$。求由这两个信号共同引起的系统的稳态误差。

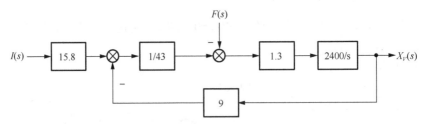

图 9.12　某电液伺服阀控制系统传递函数方框图

解：首先，将输入端的比例环节 15.8 与输入信号合并获得新的输入信号：

$$I'(s) = \frac{0.01 \times 15.8}{s} = \frac{0.158}{s}$$

由式(9.33)～式(9.41)以及图 9.12，可得该系统在输入和干扰信号共同作用下的总稳态误差表达式：

$$\varepsilon_{ss}(t)=\varepsilon_{ssi'}(t)+\varepsilon_{ssf}(t)=\lim_{s\to 0}s\cdot\frac{I'(s)-H(s)\cdot X_{VI'}(s)}{H(s)}+\lim_{s\to 0}s\cdot\frac{-H(s)\cdot X_{VF}(s)}{H(s)} \tag{9.42}$$

式中，$H(s)=1$。又由图 9.12 可得到由输入信号 $I'(s)$ 引起的系统输出 $X_{VI'}(s)$ 为

$$X_{VI'}(s)=\frac{\frac{1}{43}\times 1.3\times\frac{2400}{s}}{1+\frac{1}{43}\times 1.3\times\frac{2400}{s}\times 9}\times\frac{0.158}{s}$$

由干扰信号 $F(s)$ 引起的系统输出 $X_{VF}(s)$ 为

$$X_{VF}(s)=\frac{1.3\times\frac{2400}{s}}{1+\frac{1}{43}\times 1.3\times\frac{2400}{s}\times 9}\times\left(-\frac{0.000314}{s}\right)$$

将上式 $X_{VI'}(s)$ 和 $X_{VF}(s)$ 均代入式(9.42)即得系统在两种输入信号作用下的总稳态误差：

$$\begin{aligned}\varepsilon_{ss}(t)&=\varepsilon_{ssi'}(t)+\varepsilon_{ssf}(t)\\&=\lim_{s\to 0}s\cdot\left[I'(s)-H(s)\cdot X_{VI'}(s)\right]\cdot\frac{1}{H(s)}+\lim_{s\to 0}s\cdot\left[-H(s)\cdot X_{VF}(s)\right]\cdot\frac{1}{H(s)}\\&=0.015\text{mm}\end{aligned}$$

9.5　减小稳态误差的方法

在大多数实际工程系统中，稳态误差是不可避免的，但通常能找到适当的方法来减小稳态误差。本节将介绍三种用以减小干扰信号引起的稳态误差的常用理论方法。除考虑干扰信号引起的稳态误差外，本节还介绍了一种减小系统自身稳态误差的方法。

工程师必备工程素养(5)

9.5.1　提高开环增益

由表 9.1 可知，对于 0 型系统跟踪阶跃输入、Ⅰ型系统跟踪斜坡输入、Ⅱ型系统跟踪加速度输入的情况，当增大开环增益时，稳态误差将减小。需要注意的是，过大的开环增益会使系统的稳定性变差(参见例 8.4)。

例 9.4　求如图 9.13 所示系统的由干扰信号 $N(s)$ 引起的稳态误差 $\varepsilon_{ssn}(t)$，其中

$$N(s)=\frac{1}{s},\quad G_1(s)=K_1,\quad G_2(s)=\frac{K_2}{s(T_2s+1)}$$

解：由干扰信号 $N(s)$ 引起的系统稳态误差 $\varepsilon_{ssn}(t)$ 为

$$\begin{aligned}\varepsilon_{ssn}(t)&=\lim_{s\to 0}s\frac{-G_2(s)}{1+G_1(s)G_2(s)}N(s)\\&=\lim_{s\to 0}\left[s\cdot\frac{-\frac{K_2}{s(T_2s+1)}}{1+K_1\frac{K_2}{s(T_2s+1)}}\cdot\frac{1}{s}\right]\\&=-\frac{1}{K_1}\end{aligned}$$

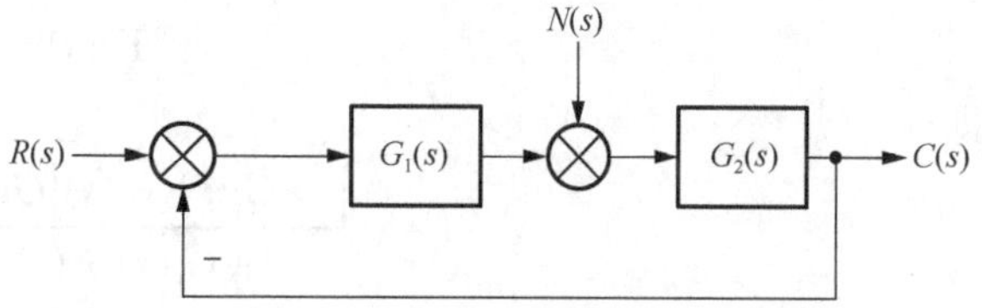

图 9.13　例 9.4 的传递函数方框图

即控制器 $G_1(s)$ 的开环增益 K_1 与干扰信号 $N(s)$ 引起的稳态误差 $\varepsilon_{ssn}(t)$ 成反比。

9.5.2 增加系统类型

由表 9.1 可知，对于相同的输入信号，当系统类型增加时，系统的稳态误差会变小。同样需要注意的是，过多的积分环节会使系统的稳定性变差。

例 9.5 求如图 9.14 所示系统的由干扰信号 $N(s)$ 引起的稳态误差 ε_{ssN}，其中

$$N(s)=\frac{1}{s}, \quad G_1(s)=K_1\left(1+\frac{1}{T_1s}\right), \quad G_2(s)=\frac{K_2}{s(T_2s+1)}$$

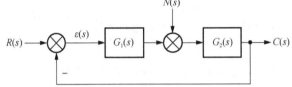

图 9.14　例 9.5 的传递函数方框图

解：由干扰信号 $N(s)$ 引起的稳态误差 ε_{ssN} 为

$$\varepsilon_{ssN}=\lim_{s\to0}s\frac{-G_2(s)}{1+G_1(s)G_2(s)}N(s)=\lim_{s\to0}\left[s\cdot\frac{-\dfrac{K_2}{s(T_2s+1)}}{1+K_1(1+\dfrac{1}{T_1s})\cdot\dfrac{K_2}{s(T_2s+1)}}\right]\cdot\frac{1}{s}=0$$

由例 9.4 和例 9.5 可知：例 9.5 前向通路的积分环节比例 9.4 的多，例 9.5 的稳态误差比例 9.4 的小，因此适当增加系统类型可减小系统的稳态误差。

工程师的非技术能力(3)

9.5.3 前馈控制

对于图 9.15(a) 所示系统，可把干扰信号 $N(s)$ 经一补偿装置 $G_F(s)$ 再次送回输入信号 $X(s)$ 端，如图 9.15(b) 所示，这种方法称为前馈控制。由图 9.15(b) 可得

$$\begin{cases} Y(s)=G_2(s)\big[N(s)+E(s)G_1(s)\big] & (9.43a) \\ E(s)=X(s)-Y(s)-G_F(s)N(s) & (9.43b) \end{cases}$$

将式 (9.43b) 代入式 (9.43a) 得

$$Y(s)=Y_X(s)+Y_N(s)=\frac{G_1(s)G_2(s)}{1+G_1(s)G_2(s)}X(s)+\frac{\big[1-G_1(s)G_F(s)\big]G_2(s)}{1+G_1(s)G_2(s)}N(s)$$

由上式可知系统输出是由输入信号 $X(s)$ 和干扰信号 $N(s)$ 共同决定的。为消除干扰信号的影响，令

$$Y_N(s)=0$$

即

$$\frac{\big[1-G_1(s)G_F(s)\big]G_2(s)}{1+G_1(s)G_2(s)}N(s)=0$$

显然，有

$$1-G_1(s)G_F(s)=0$$

因此

$$G_F(s) = \frac{1}{G_1(s)}$$

综上，为消除干扰信号的影响，可在干扰信号和输入信号之间引入一个用 $1/G_1(s)$ 表示的补偿环节 $G_F(s)$，其中 $G_1(s)$ 的位置如图 9.15(b)所示。

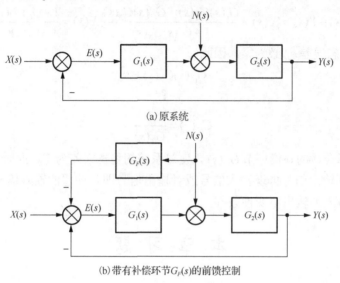

(a)原系统

(b)带有补偿环节$G_F(s)$的前馈控制

图 9.15　前馈控制

9.5.4　复合控制

如何减少系统本身的稳态误差(并不是由干扰信号引起的)呢？对于如图 9.16(a)所示的闭环控制系统，可引入补偿环节 $G_C(s)$，如图 9.16(b)所示，该补偿环节与输入信号复合控制系统以达到减少稳态误差的目的。

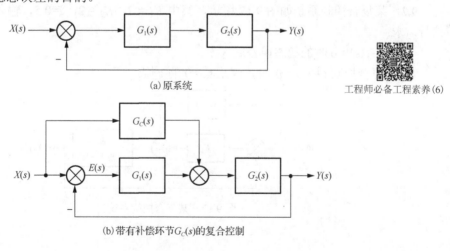

(a)原系统

工程师必备工程素养(6)

(b)带有补偿环节$G_C(s)$的复合控制

图 9.16　复合控制

由梅森公式可得图 9.16(b)的闭环传递函数为

$$\frac{Y(s)}{X(s)} = \frac{[G_1(s) + G_C(s)]G_2(s)}{1 + G_1(s)G_2(s)}$$

即

$$Y(s) = \frac{G_1(s)G_2(s) + G_C(s)G_2(s)}{1 + G_1(s)G_2(s)} X(s)$$

由于该系统为单位负反馈系统，因此误差为

$$E(s) = X(s) - Y(s) = X(s) - \frac{G_1(s)G_2(s) + G_C(s)G_2(s)}{1 + G_1(s)G_2(s)} X(s) = \frac{1 - G_C(s)G_2(s)}{1 + G_1(s)G_2(s)} X(s)$$

若 $E(s) = 0$，则稳态误差 ε_{ss} 必为零，因此

$$1 - G_C(s)G_2(s) = 0$$

即

$$G_C(s) = \frac{1}{G_2(s)}$$

综上，可选择合适的补偿环节 $G_C(s)$，使得系统的稳态误差为零，此时 $Y(s) = X(s)$，换句话说，此时系统的输出信号再现输入信号或者输出信号即是期望的输入信号。因此，复合控制也称为按给定输入的输出不变性条件。

本 章 习 题

9.1 某单位负反馈系统的开环传递函数为

$$G(s)H(s) = \frac{10}{s(s+1)}$$

求：

(1) 静态误差系数 K_p、K_v、K_a；

(2) 由输入信号 $r(t) = 2 + t + 2t^2$ 引起的稳态误差 ε_{ss}。

9.2 某复合控制系统如图 9.17 所示，其中 $K_1 = 2$，$K_2 = 2$，$\zeta = 0.5$，输入信号为单位斜坡信号，求：

(1) 当 $G_3(s) = 0$ 时的稳态误差 ε_{ss}；

(2) 当复合控制 $G_3(s) = \tau s$ 时，满足 $\varepsilon_{ss} = 0$ 的 τ 值。

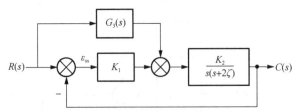

图 9.17   某复合控制系统

第10章 根轨迹分析法

控制系统的稳定性和时间响应中的瞬态分量均与系统特征方程的根，即闭环极点有关，因此确定特征根在 s 平面上的位置对于分析系统的性能具有重要意义。同时，在设计控制系统时，可增加和调整开环零点、极点，使特征根处在 s 平面所希望的位置，以满足系统设计时对性能指标的要求。获得特征根的方法首先是求解特征方程，但当特征方程阶次较高时，求解过程就会比较麻烦，而且通过求解特征方程的方法也不能获得系统参数变化时对特征根分布的影响趋势。

针对上述情况，科学家伊文斯于 1948 年在文章《控制系统的几何分析》中提出一种求闭环系统特征根的图解法：根轨迹分析法(简称根轨迹法)，即当系统中的某一或某些参量变化时，利用已知的条件，如开环零点、极点，绘制闭环特征根的轨迹。基于根轨迹简便、直观地分析系统的特征根与系统参数之间的关系，如果特征根的位置不尽如人意，还可根据绘制的根轨迹来确定该怎样对其进行调整，且能获得附加零点、极点对根轨迹的影响，设计相应的附加环节来改善原有系统的品质。该方法适用多种场合，包括反馈控制系统、单输入控制系统、多输入控制系统。根轨迹法现已发展成为经典控制理论中分析系统、优化系统的基本方法之一，与时域法、频域法共同组成控制系统分析和设计的有效工具。

10.1 基 本 概 念

10.1.1 根轨迹定义

根轨迹指的是当系统的开环传递函数中某参数从零变到无穷大时，系统闭环特征方程的根在 s 平面上变化的轨迹。

某控制系统结构如图 10.1 所示，其开环传递函数为

$$G(s)H(s) = \frac{K}{s^2 + s + K}$$

闭环传递函数为

$$\Phi(s) = \frac{C(s)}{R(s)} = \frac{2K}{s^2 + 2s + 2K}$$

闭环特征方程为

$$s^2 + 2s + 2K = 0$$

特征方程的根为

$$s_{1,2} = -1 \pm \sqrt{1 - 2K}$$

当该系统的开环增益 K 从零变到无穷大时，可求出闭环极点的全部数值，将这些数值标注在 s 平面上，并依次连成光滑的粗实线，即为该系统的根轨迹，如图 10.2 所示。根轨迹上的箭头表示根轨迹随 K 值增大的变化趋势，而标注的数值则代表与闭环极点位置相应的开环增益 K 的数值。

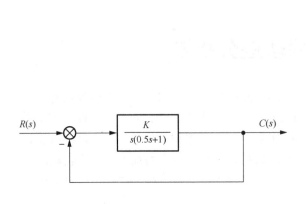

图 10.1　某控制系统传递函数方框图

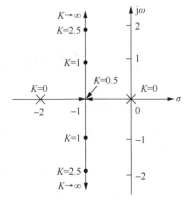

图 10.2　$\dfrac{C(s)}{R(s)} = \dfrac{2K}{s^2 + 2s + 2K}$ 的根轨迹

10.1.2　根轨迹与系统性能

在本节，将以图 10.1 所示系统及其根轨迹图 10.2 为例，说明如何根据根轨迹分析和判断系统的某些性能。

1. 稳定性

如图 10.2 所示，当开环增益 K 从零变到无穷大时，根轨迹不会越过虚轴进入 s 右半平面，这说明，对于所有开环增益 K 而言，图 10.1 所示系统都是稳定的。

对于高阶系统而言，由于其可能存在不稳定右根，即其根轨迹有可能越过虚轴进入 s 右半平面，此时根轨迹与虚轴交点处的 K 值即临界开环增益。

2. 稳态误差

图 10.1 所示的系统的开环有一个零极点，即开环传递函数中存在一个积分环节，所以系统为 I 型系统，因而图 10.2 所示根轨迹上的 K 值就是静态速度误差系数 K_v。

若某系统的稳态误差是给定的，则由根轨迹图可确定闭环极点的分布范围。在一般情况下，根轨迹图上标注出来的参数不是开环增益，而是根轨迹增益。换句话说，开环增益和根轨迹增益之间仅相差一个比例系数，这也适用于其他参数变化下的根轨迹图。

3. 动态特性

如图 10.2 所示，当 $0<K<0.5$ 时，所有闭环极点均位于实轴上，系统为过阻尼系统，单位阶跃响应为单调函数；当 $K=0.5$ 时，两个闭环实数极点重合，系统为临界阻尼系统，单位阶跃响应仍为单调函数，但响应速度比 $0<K<0.5$ 时快；当 $K>0.5$ 时，闭环极点为复数极点，系统为欠阻尼系统，单位阶跃响应为阻尼振荡，且超调量随 K 值的增大而加大，但调整时间的变化不明显。

上述分析表明，根轨迹与系统性能之间有着比较密切的联系。然而，对于高阶系统而言，很难用解析方法绘制系统的根轨迹图，就更谈不上基于根轨迹图分析系统性能了。但如果根据系统闭环零极点与开环零极点之间的关系，由开环传递函数绘制闭环系统的根轨迹图，即可分析高阶系统的特性。

10.1.3　闭环零极点与开环零极点之间的关系

由于系统的开环零极点是已知的，因此若建立了开环零极点与闭环零极点之间的关系，不仅有助于闭环系统根轨迹的绘制，也可由此获得根轨迹方程。

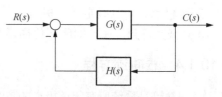

图 10.3　某控制系统结构图

对于如图 10.3 所示的控制系统，其闭环传递函数为

$$\Phi(s) = \frac{G(s)}{1 + G(s)H(s)} \tag{10.1}$$

前向通路传递函数 $G(s)$ 可表示为

$$G(s) = \frac{K_G(\tau_1 s + 1)(\tau_2^2 s^2 + 2\zeta_1\tau_2 s + 1)\cdots}{s^v(T_1 s + 1)(T_2^2 s^2 + 2\zeta_2 T_2 s + 1)\cdots} = K_G^* \frac{\prod\limits_{i=1}^{f}(s - z_i)}{\prod\limits_{i=1}^{q}(s - p_i)} \tag{10.2}$$

式中，K_G 为前向通路增益；K_G^* 为前向通路根轨迹增益，两者之间满足如下关系：

$$K_G^* = K_G \frac{\tau_1\tau_2^2\cdots}{T_1 T_2^2\cdots} \tag{10.3}$$

反馈通路传递函数 $H(s)$ 可表示为

$$H(s) = K_H^* \frac{\prod\limits_{j=1}^{l}(s - z_j)}{\prod\limits_{j=1}^{h}(s - p_j)} \tag{10.4}$$

式中，K_H^* 为反馈通路根轨迹增益。

综上，图 10.3 所示系统的开环传递函数可表示为

$$G(s)H(s) = K^* \frac{\prod\limits_{i=1}^{f}(s - z_i)\prod\limits_{j=1}^{l}(s - z_j)}{\prod\limits_{i=1}^{q}(s - p_i)\prod\limits_{j=1}^{h}(s - p_j)} \tag{10.5}$$

式中，$K^* = K_G^* K_H^*$，称为系统开环根轨迹增益，它与开环增益 K 之间的关系类似于式(10.3)，仅相差一个比例系数。对于有 m 个开环零点和 n 个开环极点的系统而言，$f+l=m$，$q+h=n$。将式(10.2)和式(10.5)代入式(10.1)，得

$$\Phi(s) = \frac{K_G^*\prod\limits_{i=1}^{f}(s - z_i)\prod\limits_{j=1}^{h}(s - p_j)}{\prod\limits_{i=1}^{n}(s - p_i) + K^*\prod\limits_{j=1}^{m}(s - z_j)} \tag{10.6}$$

比较前向通路传递函数(即式(10.2))、反馈通路传递函数(即式(10.4))、开环传递函数(即式(10.5))和闭环传递函数(即式(10.6))，可得以下结论：

(1)闭环根轨迹增益等于前向通路根轨迹增益。对于单位反馈系统，闭环根轨迹增益就等于开环根轨迹增益。

(2)闭环零点由前向通路传递函数的零点和反馈通路传递函数的极点组成。对于单位反馈系统，闭环零点就是开环零点。

(3)闭环极点与开环零点、开环极点以及根轨迹增益 K^* 均有关。

根轨迹法的基本任务在于：由已知开环零极点的分布及根轨迹增益，通过图解的方法找

出闭环极点。一旦确定闭环极点后，闭环传递函数的形式便不难确定，因为闭环零点可由式 (10.6) 直接得到。在已知闭环传递函数的情况下，闭环系统的时间响应可由拉氏逆变换获取。

10.1.4　根轨迹方程

根轨迹是系统所有闭环极点的集合，因此，可令闭环传递函数式 (10.1) 的分母为零，即系统的特征方程：

$$1+G(s)H(s)=0 \tag{10.7}$$

由式 (10.6) 可知，当系统有 m 个开环零点和 n 个开环极点时，式 (10.7) 等价为

$$K^* \frac{\prod\limits_{j=1}^{m}(s-z_j)}{\prod\limits_{i=1}^{n}(s-p_i)}=-1 \tag{10.8}$$

式中，z_j 为已知的开环零点；p_i 为已知的开环极点；K^* 从零变到无穷大，式 (10.8) 即根轨迹方程。由式 (10.8) 可画出当 K^* 从零变到无穷大时，系统的连续根轨迹图。只要闭环特征方程可转化为式 (10.8) 的形式，均可绘制系统的连续根轨迹图，其中变化的实参数，既可为根轨迹增益 K^*，也可为系统其他变化参数，但由式 (10.8) 表达的开环零极点在 s 平面上的位置必须是确定的，否则无法绘制根轨迹。

根轨迹方程实质上是一个向量方程，直接使用很不方便。考虑到 $-1=1e^{j(2k+1)\pi}$，其中，$k=0$，$\pm 1,\pm 2,\cdots$。因此，式 (10.8) 可用如下两个方程描述：

$$\sum_{j=1}^{m}\angle(s-z_j)-\sum_{i=1}^{n}\angle(s-p_i)=(2k+1)\pi, \quad k=0,\pm 1,\pm 2,\cdots \tag{10.9}$$

$$K^*=\frac{\prod\limits_{i=1}^{n}|s-p_i|}{\prod\limits_{j=1}^{m}|s-z_j|} \tag{10.10}$$

式 (10.9) 和式 (10.10) 是根轨迹上的点应该同时满足的两个条件，式 (10.9) 为相位条件，式 (10.10) 为幅值条件。根据这两个条件可完全确定 s 平面上的根轨迹和根轨迹上对应的 K^* 值。需要注意的是，相位条件是确定 s 平面上根轨迹的充必条件，即只需要相位条件就能绘制根轨迹。只有当需要确定根轨迹上各点的 K^* 值时，才会用到幅值条件。

10.2　绘制根轨迹的基本规则

本节给出系统开环增益 K 变化时绘制闭环根轨迹的基本规则，同时，这些基本规则也适用于系统其他参数变化的情况。

10.2.1　根轨迹的起点与终点

根轨迹起始于开环极点，终止于开环零点，如果开环零点数 m 小于开环极点数 n，则有 $n-m$ 条根轨迹终止于无穷远处。当 $K=0$ 时，根轨迹方程为

$$(s-p_1)(s-p_2)\cdots(s-p_n)=0$$

由此求得根轨迹的起点为 $p_1,p_2,\cdots,p_n$。

根轨迹的终点为开环增益 $K\to\infty$ 时的闭环极点，由根轨迹方程可知

$$\frac{\prod\limits_{i=1}^{m}(s-z_i)}{\prod\limits_{j=1}^{n}(s-p_j)}=-\frac{1}{K^*}$$

当 $K^*\to\infty$ 时，只有 $s-z_i=0$，才满足上式。所以，当 $K\to\infty$ 时，根轨迹终止于开环零点。但当 $n>m$ 时，只有 m 条根轨迹趋向于开环零点，那么，还有 $n-m$ 条根轨迹趋向于何处呢？由于 $n>m$，当 $s\to\infty$ 时，上式可写为

$$\frac{1}{s^{n-m}}\to 0$$

所以，当 $K\to\infty$ 时，剩下的 $n-m$ 条根轨迹趋向于无穷远处。

10.2.2　根轨迹的分支数与对称性

由于 n 阶特征方程对应着 n 个特征根，那么当开环增益 K 由零变到无穷大时，这 n 个特征根必然会出现 n 条根轨迹，因此根轨迹在 s 平面上的分支数就等于闭环特征方程的阶数 n，即根轨迹的分支数与闭环极点的个数是相等的。

开环极零点或闭环极点要么为实数，要么为成对的共轭复数，且它们在 s 平面上的分布对称于实轴，所以根轨迹具有对称性，即对称于实轴。同时，由于成对的共轭复根在实轴上产生的相位之和总是等于 $360°$，所以根据相位条件可知：位于实轴上根轨迹区段右侧的开环零极点个数之和应为奇数。

10.2.3　根轨迹的渐近线

如果开环零点数 m 小于开环极点数 n，则当 $K^*\to\infty$ 时，趋向无穷远处的根轨迹共有 $n-m$ 条，这 $n-m$ 条根轨迹趋向于无穷远处的方位可由渐近线决定。

设系统的开环传递函数为

$$G(s)H(s)=\frac{K^*(s-z_1)(s-z_2)\cdots(s-z_m)}{(s-p_1)(s-p_2)\cdots(s-p_n)},\quad n>m \tag{10.11}$$

式（10.11）表明，该系统的根轨迹有 $n-m$ 条渐近线。

当 s 很大时，式（10.11）可近似为

$$G(s)H(s)=\frac{K^*}{(s-\sigma_a)^{n-m}} \tag{10.12}$$

在式（10.12）中

$$(s-\sigma_a)^{n-m}=s^{n-m}-(n-m)\sigma_a s^{n-m-1}+\cdots \tag{10.13}$$

在式（10.11）中

$$\frac{(s-p_1)(s-p_2)\cdots(s-p_n)}{(s-z_1)(s-z_2)\cdots(s-z_m)}=s^{n-m}-\left(\sum_{i=1}^{n}p_i-\sum_{j=1}^{m}z_j\right)s^{n-m-1}+\cdots \tag{10.14}$$

令式（10.13）和式（10.14）中 s^{n-m-1} 项系数相等，可得渐近线与实轴交点的坐标为

$$\sigma_a=\frac{\sum\limits_{i=1}^{n}p_i-\sum\limits_{j=1}^{m}z_j}{n-m} \tag{10.15}$$

式(10.15)的分子为极点之和减去零点之和。而渐近线与实轴正方向的夹角为

$$\varphi_a = \frac{(2k+1)\pi}{n-m} \tag{10.16}$$

式中，k依次取$0, \pm 1, \pm 2, \cdots$。随着k值的增大，夹角位置会重复出现，其独立的渐近线只有$n-m$条，所以要一直计算到获得$n-m$个倾角为止。

例 10.1 某单位负反馈系统的开环传递函数为$G(s) = \dfrac{K^*}{s(s+1)(s+2)}$，试绘制其根轨迹渐近线。

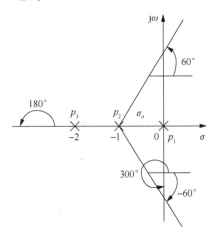

图10.4 系统根轨迹渐近线

解： 该系统的开环传递函数有3个极点，分别为$p_1 = 0$，$p_2 = -1$，$p_3 = -2$，无零点，因此$n=3$，$m=0$。故3条根轨迹均趋向无穷远处，其渐近线与实轴交点的坐标为

$$\sigma_a = \frac{\sum_{i=1}^{n} p_i - \sum_{j=1}^{m} z_j}{n-m} = \frac{0 + (-1) + (-2) - 0}{3-0} = -1$$

渐近线与实轴正方向的夹角为

$$\varphi_a = \frac{(2k+1)\pi}{n-m} = \frac{(2k+1)\pi}{3}$$

因此，当$k=0$时，$\varphi_a = \dfrac{\pi}{3}$；当$k=1$时，$\varphi_a = \pi$；当$k=-1$时，$\varphi_a = -\dfrac{\pi}{3}$。3条渐近线如图10.4所示。

10.2.4 根轨迹的起始角与终止角

根轨迹的起始角为根轨迹起点处的切线与水平线正方向的夹角。根轨迹的终止角为根轨迹终点处的切线与水平线正方向的夹角。例如，图10.5(a)中的θ_{p_1}为起始角，图10.5(b)中的θ_{z_1}为终止角。

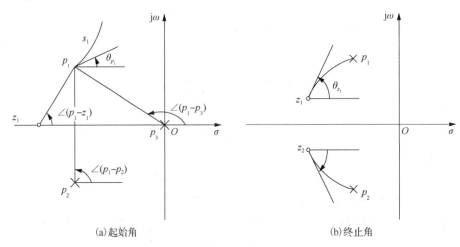

(a)起始角 (b)终止角

图10.5 根轨迹的起始角与终止角

在根轨迹渐近线上选择点 s_1，设距离复数极点 p_a 为 δ，当 $\delta \to 0$ 时，$\angle(s_1 - p_a) = \theta_1$ 即起始角。该系统其他零极点至 s_1 点向量的相位趋近于它们在 p_a 点向量的相位。

根据相位条件可得

$$\theta + \sum_{\substack{j=1 \\ j \neq a}}^{n} \theta_j - \sum_{i=1}^{m} \varphi_i = \pm 180°(2k+1)$$

式中，$\theta_j = \angle(p_j - p_a)$，$\varphi_i = \angle(z_i - p_a)$。由此得出起始角为

$$\theta = \pm 180°(2k+1) - \sum_{\substack{j=1 \\ j \neq a}}^{n} \theta_j + \sum_{i=1}^{m} \varphi_i \qquad (10.17)$$

同理可得复数零点处的终止角为

$$\varphi = \pm 180°(2k+1) + \sum_{j=1}^{n} \theta_j - \sum_{\substack{i=1 \\ i \neq b}}^{m} \varphi_i \qquad (10.18)$$

10.2.5　根轨迹的分离点和会合点的坐标

若干条根轨迹在 s 平面上相遇后又分开（或分开后又相遇）的点，称为根轨迹的分离点（或会合点）。求取分离点及会合点坐标的主要方法有三种。

方法 1：因分离点（或会合点）是特征方程的重根，所以可用求重根的方法求它们的坐标。

设系统的开环传递函数为

$$G(s)H(s) = \frac{K^* N(s)}{D(s)}$$

则其闭环特征方程为

$$K^* N(s) + D(s) = 0 \qquad (10.19)$$

若分离点（或会合点）为重根，则需同时满足方程：

$$K^* N'(s) + D'(s) = 0 \qquad (10.20)$$

由式（10.19）和式（10.20），可得

$$D(s)N'(s) - D'(s)N(s) = 0 \qquad (10.21)$$

即

$$\frac{\mathrm{d}[G(s)H(s)]}{\mathrm{d}s} = 0 \qquad (10.22)$$

根据式（10.22），即可确定分离点（或会合点）的坐标。

例 10.2　某系统开环传递函数为 $G(s)H(s) = \dfrac{K^*(s+6)}{s(s+4)}$，求其开环增益。

解：由 $\dfrac{\mathrm{d}[G(s)H(s)]}{\mathrm{d}s} = 0$，可得闭环特征方程为

$$s^2 + 12s + 24 = 0$$

解之，得特征根为 $s_1 = -2.54$，$s_2 = -9.46$。因此增益为 $K_1^* = 1.07$，$K_2^* = 14.9$。

方法 2：可用求特征方程极值的方法求分离点（或会合点）的坐标。

设系统的开环传递函数为

$$G(s)H(s) = \frac{K^*(s - z_1)(s - z_2)\cdots(s - z_m)}{(s - p_1)(s - p_2)\cdots(s - p_n)}$$

由系统闭环特征方程可得

$$K^* = -\frac{(s - p_1)(s - p_2)\cdots(s - p_n)}{(s - z_1)(s - z_2)\cdots(s - z_m)}$$

求极值：

$$\frac{\mathrm{d}K^*}{\mathrm{d}s} = 0 \tag{10.23}$$

即可确定分离点（或会合点）的参数。

下面仍以例 10.2 为例，其闭环特征方程为

$$K^* = -\frac{s(s + 4)}{(s + 6)} = -\frac{s^2 + 4s}{s + 6}$$

求 K^* 求极值可得

$$s^2 + 12s + 24 = 0$$

解之，得 $s_1 = -2.54$，$s_2 = -9.46$。相应的增益为 $K_1^* = 1.07$，$K_2^* = 14.9$。

方法 3：分离点（或会合点）的坐标可由式（10.24）求得

$$\sum_{j=1}^{n} \frac{1}{d - p_j} = \sum_{i=1}^{m} \frac{1}{d - z_i} \tag{10.24}$$

式中，p_j 为开环极点；z_i 为开环零点。

例 10.3　已知系统的开环传递函数为 $G(s)H(s) =$ $\dfrac{K^*(s + 1)}{s^2 + 3s + 3.25}$，试求系统闭环根轨迹的分离点坐标。

解：由已知条件得

$$G(s)H(s) = \frac{K^*(s + 1)}{(s + 1.5 + \mathrm{j})(s + 1.5 - \mathrm{j})}$$

根据式（10.24）可得

$$\frac{1}{d + 1.5 + \mathrm{j}} + \frac{1}{d + 1.5 - \mathrm{j}} = \frac{1}{d + 1}$$

解此方程得

$$d_1 = -2.12, \quad d_2 = 0.12$$

由于 d_1 在根轨迹上，因此为所求的分离点，而 d_2 不在根轨迹上，则舍弃。根轨迹如图 10.6 所示。

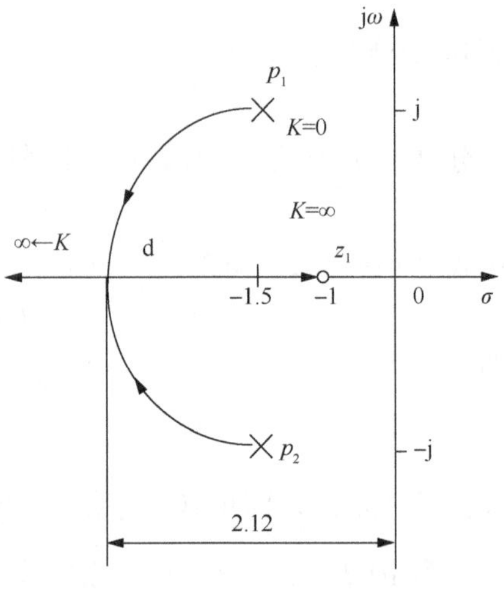

图 10.6　例 10.3 的根轨迹

10.2.6　根轨迹的分离角和会合角

根轨迹离开分离点时，轨迹切线的倾角为分离角。由相位条件可推出，当根轨迹从实轴二重极点上分离时，其右边为偶数个零极点，因此该二重极点相位之和为 $\pm(2n+1)\times 180°$，即实轴上分离点的分离角恒为 $\pm 90°$。同理，实轴上会合点的会合角也恒为 $\pm 90°$，如图 10.6 所示的会合角即为 $\pm 90°$。

10.2.7　根轨迹与虚轴的交点

根轨迹与虚轴相交，意味着闭环极点中有极点位于虚轴上，即闭环特征方程有纯虚根，系统处于临界稳定状态。求根轨迹与虚轴交点坐标的常用方法有两种。

方法 1：将 $s=j\omega$ 代入特征方程中得

$$1+G(j\omega)H(j\omega)=0$$

或

$$\mathrm{Re}[1+G(j\omega)H(j\omega)]+\mathrm{Im}[1+G(j\omega)H(j\omega)]=0$$

令

$$\begin{cases} \mathrm{Re}[1+G(j\omega)H(j\omega)]=0 \\ \mathrm{Im}[1+G(j\omega)H(j\omega)]=0 \end{cases} \tag{10.25}$$

则可解出 ω 值及对应的临界开环增益 K^* 和 K。

例 10.4　已知系统开环传递函数为 $G(s)=\dfrac{K^*}{s(s+1)(s+2)}$，求根轨迹与虚轴的交点。

解：系统闭环特征方程为

$$D(s)=s(s+1)(s+2)+K^*=s^3+3s^2+2s+K^*=0$$

令 $s=j\omega$，代入上式得

$$D(j\omega)=(j\omega)^3+3(j\omega)^2+2(j\omega)+K^*=0$$

即

$$\begin{cases} -3\omega^2+K^*=0 \\ -\omega^3+2\omega=0 \end{cases}$$

联立上面方程求解得

$$\omega_1=0,\quad \omega_{2,3}=\pm1.414$$

$$K^*=6,\quad K=3$$

式中，K 为系统开环增益；K^* 为系统开环根轨迹增益。

方法 2：根轨迹与虚轴交点坐标也可通过劳斯稳定判据求出。仍以例 10.4 为例，其劳斯阵列(表)为：

$$\begin{array}{ccc} s^3 & 1 & 2 \\ s^2 & 3 & K^* \\ s^1 & \dfrac{6-K^*}{3} & \\ s^0 & K^* & \end{array}$$

根据劳斯稳定判据可知，若系统稳定，则要求

$$\begin{cases} \dfrac{6-K^*}{3}>0 \\ K^*>0 \end{cases}$$

解得 $K^*=6$(为临界状态)即为所求。

10.2.8　系统闭环极点之和

将系统开环传递函数的分子、分母展开，得

$$G(s)H(s) = K^* \frac{s^m - \left(\sum_{i=1}^{m} z_i s^{m-1} + \cdots\right)}{s^n - \left(\sum_{j=1}^{n} p_j s^{n-1} + \cdots\right)} \tag{10.26}$$

若系统满足 $n-m>2$，则特征方程为

$$s^n + \sum_{j=1}^{n}(-p_j)s^{n-1} + \cdots + \left[\prod_{j=1}^{n}(-p_j) + K^* \prod_{i=1}^{m}(-z_i)\right] = 0 \tag{10.27}$$

由代数方程根与系数的关系可知，n 阶代数方程的 n 个根的和等于第 $n-1$ 次项的系数乘 -1，即

$$\text{系统闭环极点之和} = \sum_{j=1}^{n} p_j \tag{10.28}$$

即当 $n-m>2$ 时，系统环极点之和等于开环极点之和。

通常把 $\dfrac{\left(\sum\limits_{j=1}^{n} p_j\right)}{n}$ 称为极点重心，可知当 K^* 值变化时，极点重心保持不变。这个性质可用来估计根轨迹的变化趋势，有助于确定极点位置及相应的 K^* 值。

10.2.9　系统闭环极点之积

根据式(10.27)，基于代数方程根和系数关系得

$$\text{闭环极点之积} = \prod_{j=1}^{n}(-p_j) + K^* \prod_{i=1}^{m}(-z_i) \tag{10.29}$$

若系统具有开环零极点，则有

$$\text{闭环极点之积} = K^* \prod_{i=1}^{m}(-z_i) \tag{10.30}$$

式中，z_i 为系统开环零点。

需要注意的是，对于正反馈系统，由于相位条件发生改变，故相应的绘图规则也要相应改变；存在延时环节的系统有无穷多条根轨迹，但位于 $-j\pi \sim j\pi$ 的根轨迹主分支是最重要的。

本　章　习　题

10.1　思考与简答题。

(1)根轨迹分析法的目的是什么？由根轨迹的基本规则可大致绘制根轨迹，这是否说明根轨迹不能对系统进行定量分析？根轨迹的分支数与开环极点数是什么关系？

(2)根轨迹与虚轴交点处的频率是否为系统的持续振荡频率？

(3)绘制根轨迹渐近线的主要步骤是什么？

(4)增加开环零点、极点会对根轨迹产生什么影响？

10.2　设单位负反馈系统的开环传递函数为

$$G(s) = \frac{K(3s+1)}{s(2s+1)}$$

试用解析法绘制开环增益 K 从零增加到无穷大时的闭环根轨迹渐近线。

10.3　开环零极点分布如图 10.7 所示，试绘制闭环根轨迹渐近线。

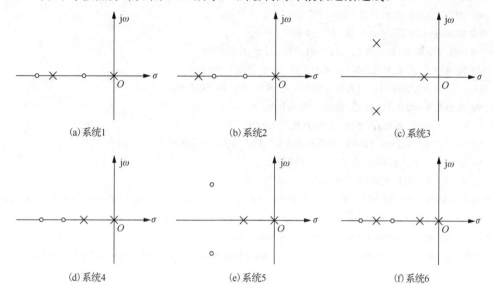

(a) 系统1　　　　　　　　(b) 系统2　　　　　　　　(c) 系统3

(d) 系统4　　　　　　　　(e) 系统5　　　　　　　　(f) 系统6

图 10.7　系统开环零极点分布图

参 考 文 献

董景新, 赵长德, 郭美凤, 等, 2015. 控制工程基础. 4 版. 北京: 清华大学出版社.

董玉红, 徐莉萍, 2013. 机械控制工程基础. 2 版. 北京: 机械工业出版社.

胡寿松, 2019. 自动控制原理. 7 版. 北京: 科学出版社.

孔祥东, 姚成玉, 2019. 控制工程基础. 4 版. 北京: 机械工业出版社.

罗忠, 宋伟刚, 郝丽娜, 等, 2018. 机械工程控制基础. 3 版. 北京: 科学出版社.

徐小力, 陈秀梅, 朱骥北, 2020. 机械控制工程基础. 3 版. 北京: 机械工业出版社.

杨叔子, 杨克冲, 吴波, 等, 2018. 机械工程控制基础. 7 版. 武汉: 华中科技大学出版社.

张尚才, 2012. 控制工程基础. 2 版. 杭州: 浙江大学出版社.

曾励, 陈飞, 张帆, 等, 2012. 控制工程基础. 北京: 机械工业出版社.

朱骥北, 徐小力, 陈秀梅, 等, 2013. 机械控制工程基础. 2 版. 北京: 机械工业出版社.

朱孝勇, 傅海军, 2018. 控制工程基础. 北京: 机械工业出版社.

祝守新, 邢英杰, 关英俊, 2014. 机械工程控制基础. 2 版. 北京: 清华大学出版社.

CLOSE C M, FREDERICK D K, NEWELL J C, 2002. Modeling and analysis of dynamic systems. 3rd ed. Hoboken: John Wiley & Sons, Ltd.

HUANG A Y, 2004. Fundamentals of mechanical control engineering. Wuhan: Wuhan University of Technology Press.

SUN J, 2016 . Fundamentals of control engineering. Beijing: Science Press.

TO C W S, 2016. Introduction to dynamics and control in mechanical engineering systems. Hoboken: John Wiley & Sons, Ltd.

后　记

这本书的故事要从 2014 年说起。

2014 年春，因为接手了一门英文专业课而形成了一份全英文的讲义。

2016 年秋，结识编辑，呈上英文讲义。

2017 年冬，英文版 *Fundamentals of Control Engineering* 在国内出版发行，随后由科学出版社推荐至德古意特出版社，得以全球发行。

2020 年夏，本书，即中文版《控制工程基础》编写工作启动。

2021 年夏，中文版《控制工程基础》交稿。

历经八年，从英文讲义到英文教材，再到中文教材。

要感谢的人太多。

感谢我的老师们，你们教给学生时期的我以知识，送给工作阶段的我以机会，正所谓"扶上马，又送了一程"。

感谢我的学生们，历届的本科生和研究生。因为你们，也为了你们，我一直走在学习的路上，不会也不敢停歇。

感谢我的挚友们，无论时空远近，你们一直都在。

感谢出版社的编辑们，从初稿到成稿，你们洞见症结、虑周藻密。

感谢本书的其他编者，你们是尽心尽力的合作者；感谢大连理工大学机械工程学院控制工程基础课程团队的每个人，你们是贴心的合伙人。

感谢我的家人，天堂和人间，我都曾经和正在被你们深爱。

感谢春夏与秋冬，感谢平凡与伟大。

孙　晶

大连理工大学

2021 年 5 月 20 日